JN006888

ヒューマン
インタフェース

ヒューマンインタフェース学会 監修

藤田欣也
渋谷　雄 共著

コロナ社

まえがき

ヒューマンインタフェース（以下，HI）という言葉が普及して四半世紀が過ぎた。当時は問題になった機械やソフトウェアの使いやすさが大きく改善された一方で，情報技術の発展によって新しいシステムやサービスが登場した結果，十分に検討されないままユーザに提供されたHIに接する機会も増えた。また，ユーザが実際に使用するHIと，学問分野としてのHIの乖離（かいり）も大きくなってきていた。

本書は，このような問題意識を持ちつつ情報系学科の学部生を対象にHIの講義を担当してきた2名が，教科書として使用することを意識して執筆したものである。

執筆にあたっては，初学者を想定し，HIの歴史や人と情報システムに関する基礎から始め，HIデザインの原則やデザインプロセスを学んだ後に，今後のHIを概観する構成を採用した。ただ，基礎から応用までカバーしようとした結果，ややボリューム超過になった面は否めない。大学教員の方が教科書として授業に使用する場合には，予備知識や講義の時間数に応じて，適宜，内容を取捨選択していただければ幸いである。なお，各章末の演習問題はテキストの内容理解が確認できるよう，本文を読み返せば答えがわかる問題とした。発展課題は理解を深めることを目標に，広く一般的な問いや実践的な課題とした。

学生の皆さんには，本書の内容を単純に信じず，「良いHIとはなんだろうか」と自問していただきたい。おそらく，すぐに答えが一つではないことに気づくであろう。そもそも，善し悪しの基準はユーザの目的や作業内容などによって異なる。価値基準も人によってさまざまである。しかし，人やシステムに対する体系的な知識を基礎に，適切な手順で改良していけば，大多数の人にとって多少なりとも望ましいHIやシステムに近づけることは可能であろう（といいつつ，単純に最大公約数的発想で考えると，一歩間違うと誰から見てもちょっと使いにくいHIになりかねない。また，大多数に該当しない人のことを忘れないことも重要である）。本書をきっかけに，そのような意識とスキルを身につけてもらえれば著者としても本望である。

HI の設計や開発にかかわる諸兄や周辺分野の専門家の方にとっては，本書は物足りない部分も多々あると思うがご容赦いただきたい。なお，いうまでもないが間違いはすべて著者の責任に帰す。何でもご指摘をいただければ幸いである。

最後に，本書を監修いただいたヒューマンインタフェース学会および学会関係者の皆さまと，5 年の長きにわたって多大なるご支援をいただいたコロナ社に心から感謝する。

2024 年 5 月

藤田欣也，渋谷　雄

● 本書の図面について ●

本書では，一部の図をカラーで見られるコンテンツを用意しています。右図の付いた図は，下記 URL，もしくは二次元コードを読み取ることで，本書サポートページにてカラー画像を見ることができます。

https://www.coronasha.co.jp/np/resrcs/docs.html?goods_id=8165

カラー画像はこちら

目　　次

1章　ヒューマンインタフェース序論

2章　人の生理特性

3章　人の心理特性

4章　HIにおける人の行動とモデル

5章　情 報 の 入 力

6章　情報の出力とインタラクション

7章　GUI

8章　ユーザビリティとデザイン原則

9章　HIのデザインプロセス

10章　モデル化とプロトタイピング

11章 評価と改良（1）

12章 評価と改良（2）

13章　ユーザ支援技術・アクセシビリティ

14章　ネットワークと HI

15章　WIMP の先の HI

索　　　引

1章

ヒューマンインタフェース序論

本章では，ヒューマンインタフェースの基本概念を示すとともに，その構成要素や求められる事項などを述べる。その後，現在のヒューマンインタフェースに至るまでの歴史を概説し，計算機科学を中心としたほかの学問分野との関連性を説明する。

本章の目的は，HI の概念や必要性を，歴史的な経緯や周辺分野との関連性を踏まえたうえで理解することである。

▼ 本章の構成

節・項のタイトル以外のキーワード

- UI，HMI，HCI → 1.1 節
- 感覚受容器，運動器，認知機構 → 1.2 節
- エルゴノミクス，ヒューマンファクタ，人間工学 → 1.3.1 項

▼ 本章で学べること

- HI を考えるうえで必要な基本概念
- 現在の HI に至るまでの歴史的経緯
- HI の重要性ならびに関連分野との関係

1.1　ヒューマンインタフェースの基本概念

産業革命から後，もはや機械は人の生活に必要不可欠な存在になっている。例えば，通信や自動車なくして現代社会は成立しない。近年はコンピュータによる機械の自動化が積極的に進められているが，人が自らの着想や判断を実現する手段として機械を操作する場面はいまだに多い。したがって，人と機械が協調的かつ相補的に機能することは現代社会の重要な鍵であり，その実現のためには，人と機械の間のやりとりを円滑で確実なものにすることが求められる。

ヒューマンインタフェース（Human Interface, HI）という言葉は，狭義には，**図1.1**に示すようにコンピュータに代表される機械と，そのユーザである人との接続部を意味する。必然的に，人と機械の間の対話（interaction）を円滑で効率的なものにするためには，人の心や身体の特性を理解したうえで適切な対話方式や機械の構造・形状などを設計することが求められる。したがって，HIは，人と機械の両者にかかる広範な学術分野と密接に関連する。すなわち，学問分野としてのHIは，人と機械の接続部に加えて，人の要求を機械に伝えるとともに機械の状態を人が理解するための手段や装置などを，設計し実現するための理念や行為を包含する。

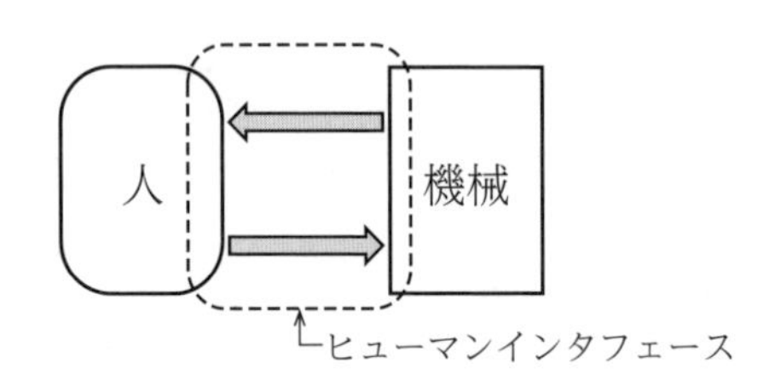

図1.1　ヒューマンインタフェースの基本概念

HIの類義語には，**ユーザインタフェース**（User Interface, UI）や**ヒューマンマシンインタフェース**（Human-Machine Interface, HMI），**ヒューマンコンピュータインタラクション**（Human-Computer Interaction, HCI）などがある。UIやHMIはHIとほぼ同義と考えてよく，HCIも対象がコンピュータに限定される点を除けば，ほぼ同義である。なお，海外ではHMIやHCIと表現されることが多いのに対して，日本ではHIが一般的に使用される。これは，人と機械を対等にシステムに組み込むのではなく，人を知り人に機械を合わせることを明確にするとの理念に基づくものである[1)†]。米国の計算機に関する学会であるACMのHCI専門部会SIGCHIは，1992年にHCIを「インタラクティブな計算システムのデザインや評価，実装と，それらの周辺事象の研究にかかる学問領域」と定義している[2)]。本書は情報工学系の初学者を主な読者として想定し，以降ではコンピュータに代表される情報機器を中心とした機械とユーザのインタフェースに焦点をあてることとする。

1.2 HIを構成する要素

HIは，先に述べたように人と機械の接続部を対象とする。ここで，**図1.2**のように，デスクトップコンピュータを例にHIを構成する要素を考える。機械の側に着目すると，液晶ディスプレイやスピーカなどの人に対して情報を出力する**出力装置**と，マウスやキーボードなどの人が情報を入力する**入力装置**の二つの要素が存在する。他方，人の側に着目すると，機械が出力した情報を知覚する視覚や聴覚といった**感覚受容器**と，手指や腕などの**運動器**がそれぞれ関与する。すなわち，出力装置と感覚受容器からなる機械から人への情報伝達と，運動器と

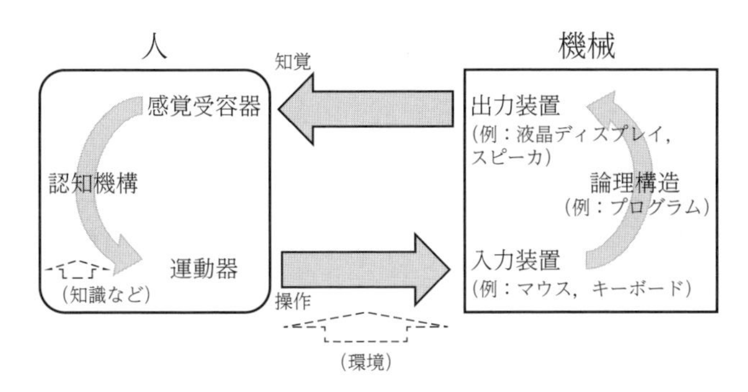

図1.2 HIを構成する要素

† 肩付きの番号は，各章末の引用・参考文献を示す。

入力装置からなる人から機械への情報伝達との両者の存在によって，人と機械の対話は成立する。

さらに，コンピュータの画面に向かって何か作業する場面を考えると，われわれは視覚を介して知覚したアイコンの図柄の意味を理解したうえで，自らが意図する機能に合致するか否かを判断し，選択したものに対して操作を行う。すなわち，HIには人の意思や理解，判断などを含む**認知機構**が深く関与する。

同様に，コンピュータを例に機械の側の構成要素を考えると，アイコンに対して操作を加えたときの挙動はプログラムによって決定され，操作のしやすさやわかりやすさを左右する。すなわち，機械の側での入力と出力の間の**論理構造**も重要なHIの構成要素である。

これらを総合すると，HIは図1.2のように人と機械が情報のループを構成することによって成立する。そして，その構成要素は，人の感覚受容器や運動器，認知機構，さらに機械の入力装置，出力装置，入出力間の論理構造，の6者に分割して考えることができる。したがって，機械の入力装置や出力装置，あるいは論理構造の設計に際しては，人の知覚特性や運動特性，さらに認知特性への深い理解と配慮が求められる。さらに，同じ情報であっても認知される内容はユーザの知識や文化的背景などによって異なる。同様に，知覚特性や運動特性も明るさや位置などの環境，直前の経験などの自身の状態によって動的に変化する点に留意が必要である。

1.3　HI　の　歴　史

本節では，HIに関わる歴史全体を概観する。多数の重要な概念が含まれているが，詳細は2章以降を参照されたい。

1.3.1　産業革命からGUIの登場まで

HIの原点は，原始的な道具の発明にまでさかのぼることもできるが，本書では機械の登場，すなわち18世紀に始まる産業革命以降を考える。蒸気機関と紡績機に代表される動力源と製造機械の発明・改良は工場制機械工業を成立させ，製品の生産性向上の可能性を拓（ひら）いた。さらに，機械による生産性の向上は，機械を操作する人間の作業効率も同時に高める必要性を生んだ。また，高い作業効率を維持するためには，疲労の低減や事故の防止も必要になってくる。このような背景のもと，19世紀にテイラー（F. Taylor）はscientific managementの概念を提唱し，20世紀初頭には欧州で**エルゴノミクス**（ergonomics），米国では**ヒューマンファクタ**（human factors）と呼ばれる学問分野が生まれた。日本では**人間工学**と呼ばれる[3)]。これらの学問の目標は，人の特性を踏まえて機械や工程，システムなどを設計することにより誤った操作や判断を低減し，生産性を向上するとともに安全性や快適性を改善することにあり，HIにも多大な影響を与えている。

他方，チューリング（A. Turing）が現在普及しているコンピュータの原型となる概念を1936年に提唱して以降，1945年にはフォン・ノイマン（J. von Neumann）がプログラム内蔵型コンピュータの基本構成を発表するなど，急速に現代情報社会の礎が築かれた[4)]。当初のコンピュータは真空管などで構成されていたため動作が低速であり，HIも，**図1.3**のようにあらかじめ紙テープやカードなどに孔（あな）をあけておいてコンピュータに読み取らせるバッチ処理方式が用いられていた。

（a） 紙テープ

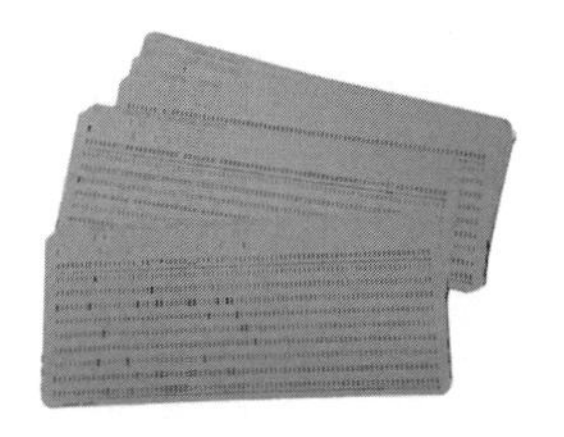

（b） パンチカード

図1.3 紙テープとパンチカード（東京農工大学西村コレクション）

その後，コンピュータの処理能力は年とともに向上し，小型化と低価格化が進んだ。その結果，当初は専門家のみが使用していたコンピュータのユーザ層や用途が拡大し，1972年にはXerox Palo Alto研究所に勤務していたアラン・ケイ

(A. Kay）が，各ユーザが1台のコンピュータを占有する，パーソナルコンピュータ構想とその実現体としてのDynabookを提唱した。その後，Xerox社は現在のアイコン画像やマウスなどポインティングデバイスによって実現されるグラフィカルユーザインタフェース（Graphical User Interface, **GUI**）の原型となる試作機Altoを1973年に，最初の商用機であるStar（**図1.4**）を1981年に発表した。このとき，机の上やその周辺にある文具類を模した画像によってコンピュータの機能やデータを表現するデスクトップメタファの手法が用いられ，基本的な考え方はそのまま今日に至っている。

図1.4　GUIを実現した最初の商用コンピュータであるXerox社Star（富士フイルムビジネスイノベーション（株）提供）

他方，文字で構成される命令によってコンピュータの動作を制御する方式はコマンドラインインタフェース（Command Line Interface, CLI）と呼ばれ現在も広く使用されている。GUIと対比する意味で，キャラクタユーザインタフェース（Character User Interface, CUI）やテキストユーザインタフェース（Text-based User Interface, TUI）と呼ぶこともある。詳細は6章で述べる。

GUIの登場には，コンピュータの低価格化に伴うユーザ層や用途の拡大という社会的要請以外にも，サザーランド（I. Sutherland）のSketchpadやエンゲルバート（D. Engelbart）によるマウス，ビットマップディスプレイ，ハイパーテキスト，オブジェクト指向言語などさまざまなコンピュータ技術の発明や提案が影響したと考えられている。GUIの登場に至るまでのより詳細なHIの歴史は，文献5)，6）に詳しいので，そちらを参照されたい。

1.3.2 ユーザ中心設計からUXへの流れ

GUIは直感的な理解と操作を可能にすることで非専門家によるコンピュータの利用を容易にしたが，デスクトップメタファによる機能の模擬的表現は，設計者の意図どおりにアイコンの意味が解釈されない場面も生じさせた。そこで，ノーマン（D. A. Norman）は，ユーザが誤解や誤った操作を行わないようにするためには，ユーザの要求に基づいてデザインすべきであるというユーザ中心設計（user-centered design）の概念を1986年に提唱した。

さらに，ニールセン（J. Nielsen）による「ユーザビリティエンジニアリング原論」[7]などをきっかけに，1998年には国際標準化機構によるISO 9241-11において，ユーザビリティが「特定の利用状況において，特定のユーザが特定の目標を達成するために製品を用いる際の，有効性，効率，満足度の度合い」と規定された。すなわち，時代とともに，ユーザの使いやすさや満足度がHIの設計においてより重要視されるようになってきた。

2000年代以降になると，ユーザエクスペリエンス（UX）やUXデザインという言葉が広く用いられるようになった。インターネットやスマートフォンが普及して商品購入や動画像の視聴など情報機器の私的利用が増加した結果，ユーザビリティの視点だけでなく，ユーザの利用動機や情動なども含む多面的で包括的なHIの評価やデザインが必要であるとの問題意識が強まったと捉えると，必然の帰結と考えることができる。

他方，HIの使いやすさだけでなく，ユーザの多様性への対応の考え方も時代とともに変化してきた。障がい者や高齢者が生活するうえでの障壁を取り除くバリアフリーデザインの概念は1970年代からあったが，メイス（R. Mace）は障がい者や高齢者を区別せず，できるだけ多くの人が利用可能なようにデザインすることを基本コンセプトとする，ユニバーサルデザインの概念を1985年に提唱した。

また，これらに関連する概念にアクセシビリティがある。アクセシビリティは，多様なユーザが情報やサービスにアクセスしようとした際の可否の程度，いうなれば利用しやすさを意味する。特に，インターネットが普及してデジタルデバイドとも呼ばれる情報格差が問題となってからは，Web アクセシビリティが重要視されるようになり JIS X 8341-3 が制定された。以上のように，HI は，より多様なユーザに，より多面的な充足をもたらす方向を志向し変化してきた。

1.3.3　GUI 以降の技術の進歩とその影響

GUI の登場は，現在につながる重要な道標（みちしるべ）である。一方で，その後のコンピュータを取り巻く技術の進歩は HI にさらなる影響を及ぼした。その一つがインターネットの普及である。1988 年に米国で商用インターネットサービスが開始されると，急速な勢いで個人ユーザが増加し，さまざまなインターネットサービスが生まれた。CERN に勤務するバーナーズ・リー（T. Berners-Lee）が発明した WWW（World Wide Web）は，今ではわれわれの日常生活に不可欠なものになっている。ほかにも，1990 年代にはインターネットを利用したビデオ会議システムや，メタバースと呼ばれるバーチャル世界でコミュニケーションするシステム，ソーシャルネットワークサービス（Social Network Service, SNS）など，今日見られるインターネットサービスの多くの原型が登場した。

もう一つの技術革新は，バッテリの小型化や CPU を中心とする電子回路の小型化，低消費電力化などを背景とする持ち運び可能な小型情報端末の普及である。このように，インターネットと小型情報端末の個人ユーザへの普及は，情報機器を業務ではなく私的な目的で利用する場面を大きく増加させた。スマートフォンはその代表例といえ，情報端末は，計算や文書作成などの情報処理だけでなくコミュニケーションや娯楽のための道具としての性格を強めた。その結果，**図 1.5** のように，HI は 1 人のユーザと機械との接点に留まらず，機械を介した人と人の対話（Computer-Mediated Communication, CMC）や共同作業（Computer-Supported Cooperative Work, CSCW），さらには機械を介した集団の対話をも包含するようになった。

また，ユーザの利用目的や利用される場面が拡大することで，情報機器の利用形態も多様化し，その結果として HI への要求も多様化した。例えば，

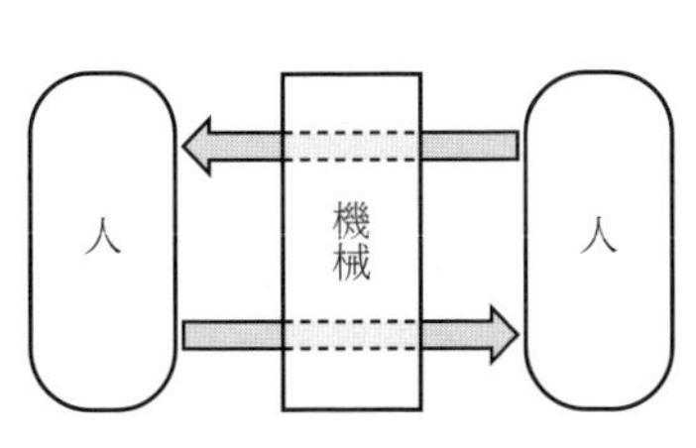

（a）　機械を介した人と人の対話

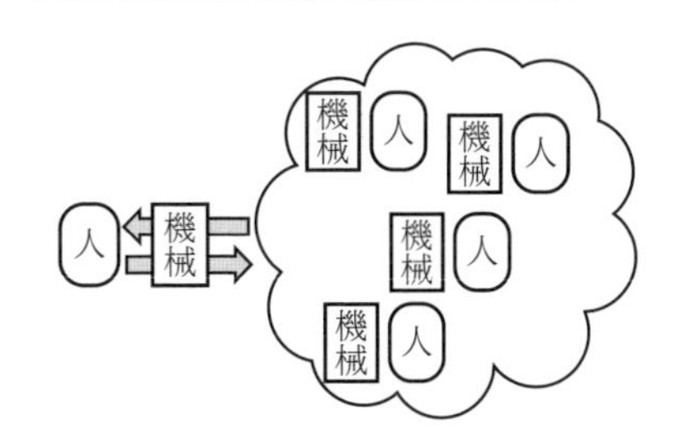

（b）　機械を介した集団の対話

図 1.5　機械を介した人と人，集団の対話

デスクトップコンピュータではマウスやキーボードの利用を前提とした設計ができたが，小型のモバイル端末ではタッチパネルやソフトウェアキーボードが使用されるため，現在も，より操作性が高いテキスト入力の方法が研究されている。

さらに，マルチタッチ型のタッチパネルや深度カメラなどの計測技術，立体視が可能な3Dディスプレイや頭部装着ディスプレイ（HMD），力触覚提示デバイスなどの感覚提示技術の進歩，あまねく配置された機器が情報を取得し出力するユビキタス環境の実現，機械学習の進歩による精緻なモデル化と予測など，コンピュータ技術の進歩は，人と機械や機械を介した人と人の対話手段ひいては関係をさらに変化させる可能性を有している。すなわち，技術の進歩や新たなサービスの登場によって，今後もHIが対象とする領域や考慮すべき事項は変化し広がり続ける。

1.4　HIの必要性と位置づけ

一義的にはHIは個々のユーザと機械の接点を対象とするが，人は社会を構成し集団で活動するため，結果として，HIの必要性や意義もユーザ個人と社会・集団の二つの側面を有する。適切なHIは，ユーザの目的達成時間を短縮して満足度を高めるとともにストレスや身体負荷を低減し，利用するユーザ本人に価値をもたらす。他方，複数のユーザが機械を操作することを考えると，個々のユーザの誤解・誤操作の低減や操作時間の短縮は，組織や集団全体の生産効率の向上につながる。例えば，自動改札機のHIが改善されると，個々の利用者が通過する際の待ち時間が減少し快適性が向上するだけでなく，必要な改札機の台数が減るなど社会全体にも利益をもたらす。労働者の身体負荷の軽減は本人の健康リスクを低減するだけでなく，組織の労働力の安定確保に寄与する。すなわち，適切なHIはユーザ本人だけでなく社会や集団にも利益をもたらす。

ACMのコンピュータサイエンスの中核教育に関する作業部会は，1989年の段階でHCIを「人とコンピュータのコミュニケーション」として，計算機科学の九つの主要な分野の一つと位置づけている[8)]。社会は，コンピュータが普遍的に存在し機能するユビキタス情報社会を本格的に迎えつつあり，情報機器の利用場面や利用形態は今後も拡大し多様化し続けるものと考えられる。したがって，HIへの要求やその重要性も増加と多様化を続けるといえる。

演　習　問　題

1.1　学問分野としてのHIの定義を述べよ。
1.2　HIを構成する要素を列挙せよ。
1.3　ユーザ中心設計とUXの概念の相違を簡潔に述べよ。

発　展　課　題

1.1　GUIの登場以前と以後でのコンピュータの操作方法の違いや，GUIの社会への影響を調査してまとめよ。
1.2　適切なHIの必要性を踏まえて，身の回りの望ましくないHIの例を挙げ，その理由を述べよ。

引用・参考文献

1) 田村 博："ヒューマン・インタフェース"，コロナ社（1987）
2) T. T. Hewett, et al.: "ACM SIGCHI Curricula for Human-Computer Interaction", Association for Computing Machinery (1992)
3) 長町三生 編："現代の人間工学"，朝倉書店（1986）
4) 白鳥則郎 監修："コンピュータ概論"，共立出版（2013）
5) I. S. MacKenzie: "Human-Computer Interaction: An Empirical Research Perspective", Elsevier (2013)
6) 田村 博 編："ヒューマンインタフェース"，オーム社（1998）*
7) ヤコブ・ニールセン（篠原稔和，三好かおる 訳）："ユーザビリティエンジニアリング原論 — ユーザーのためのインタフェースデザイン"，東京電機大学出版局（2002）*
8) P. J. Denning, et al.: "Computing as a Discipline", Comm. of the ACM, 32, 1, pp.9-23 (1989)

*は複数章引用文献

2章

人の生理特性

本章では，人の感覚や身体形状，運動などに関する基本的な特性を整理する。さらに，ストレスや疾患などのHIの心身への影響に触れるとともに，HIの評価に使用される生理指標を紹介する。

本章の目的は，人の生理特性やHIの人への影響を理解して，HIのデザインや開発に際して適切に活用できるようになること，ならびに，さまざまな生理指標の特長を理解して，HIの評価に応用できるようになることである。

▼ 本章の構成

節・項のタイトル以外のキーワード

- 視野，中心視野，周辺視野，色覚，ちらつき →2.2.1項
- 可聴域，音高 →2.2.2項
- 深部感覚，体性感覚 →2.2.3項
- ウェーバー・フェヒナーの法則，順応 →2.2.4項
- 関節可動域 →2.3.1項
- 知覚運動協応，フィッツの法則 →2.3.2項
- VDT症候群 →2.4節
- 自律神経系，交感神経系，副交感神経系 →2.5節

▼ 本章で学べること

- 視覚，聴覚，触覚の特性と感覚の法則性
- 人の身体の物理的な特性や運動のメカニズムと法則性
- HIのユーザの心身への影響と注意事項
- 人の神経系の活動と生理指標の関係

2.1 人の生理特性と HI

本章では，HI に関連する人の生理特性について述べる。感覚や運動，身体形状といった人の生理特性を知ることは，わかりやすさや使いやすさを改善するためだけでなく，疲労やストレス，疾病を軽減するうえでも重要である。さらに，新たな HI デバイスの開発につながる可能性も期待される。

2.2 感　　　覚

感覚（sensation）は，人が，自分を取り巻く環境や，自分の体内の情報を察知する能力やプロセスを意味し，光や音などの刺激に反応する器官を**感覚受容器**（sensory receptor）と呼ぶ。感覚は視覚，聴覚，嗅覚，味覚，平衡感覚，皮膚感覚（触覚，温・冷覚，痛覚），深部感覚，内臓感覚などに分類することができる。本節では，HI で主に利用される視覚，聴覚，触覚，ならびに感覚の法則性について述べる。

2.2.1 視　　　覚

人は外界からの情報の多くを視覚から得ており，HI においても重要な感覚の一つである。人が眼球を動かさずに見ることができる**視野**（visual field）は，上方向に 60°，下方向に 70°，内方向（鼻側）に 60°，外方向に 100°程度といわれている[1)]。したがって，**図 2.1** のように，左右いずれかの眼で見える単眼視野は水平方向に約 200°，両眼視野は約 120°である。一般に，視野の中心に

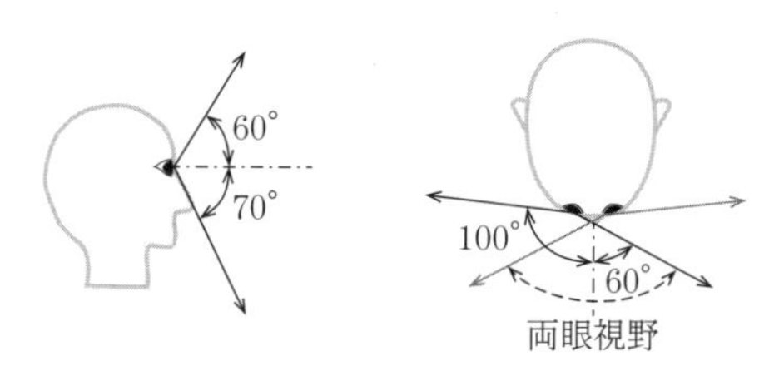

図 2.1　人の視野

近い領域を**中心視野**，周辺領域を**周辺視野**と呼ぶ。人の視力は，中心視野領域の中でも特に中心窩（ちゅうしんか）と呼ばれる網膜上の領域に結像する視野2°程度の範囲で最も高く，そこから離れるほど低下する[2)]。そのため，多くの場面において，注意の対象の変化に応じて眼球運動が発生する。

視力は識別可能な視角（物体の両端から目までの二直線が作る角度）によって定義され，視力1.0は視角1/60°の物体が識別できることを意味する。眼球からディスプレイ面までの距離を0.4 mと仮定すると，視力1.0のユーザが識別可能なディスプレイ上の距離は約0.116 mmとなり，解像度218 ppi（pixels per inch）に相当する。

色覚（color vision）は，錐体と呼ばれる視細胞に由来する。錐体にはL, M, Sの3種類があり，**図2.2**に示すように，それぞれが長波長（赤 ～ 黄），中波長（緑），短波長（青）に感度のピークを持つ[3)]。そのため，異なる波長の単色光（多くの場合，赤，緑，青）を混合することで多様な色を知覚させることが可能であり，液晶ディスプレイなどのさまざまなHIデバイスに応用されている。

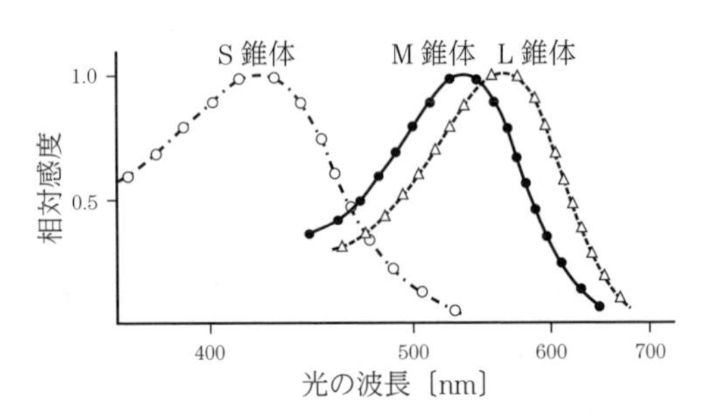

図2.2　錐体細胞の波長–感度特性（文献3）を改変）

色を用いたHIの設計においては，日本人男性の5%，日本人女性の0.2%が色覚障がいを持つことも意識する必要がある。詳しくは13.2.2項で述べる。

光の強度が時間的に変化すると，**ちらつき**（flicker）を感じることがある。光の強度が正弦波状に変化したときの，変化周波数–相対ちらつき感度[†]特性の例を**図2.3**に示す。元の光の強度によっても変化するが，ちらつき感度は，

† ちらつきを知覚できる限界の強度変化の割合を，上下逆の対数軸でプロットしたもの。

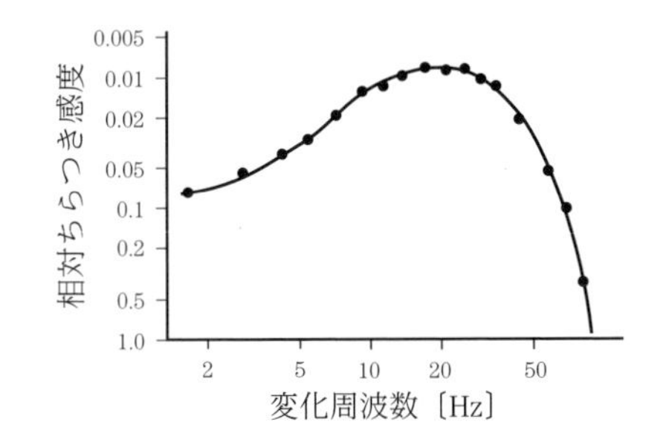

図 2.3　光強度の変化周波数–相対ちらつき感度特性の例（文献 4）を改変）

おおむね変化周波数 10 ～ 20 Hz で最大になり，50 ～ 60 Hz を超えると急激に低下する[4)]。そのため，現在の映像ディスプレイの多くは，画面更新周波数が 60 Hz またはそれ以上に設定されている。

なお，点滅光が持続して見える限界周波数は，フリッカー融合頻度あるいはフリッカー値と呼ばれ，疲労によって低下するため，疲労評価の手法として用いられる。

2.2.2 聴　　　覚

聴覚は，大気を伝搬する疎密波すなわち音波によって生じる感覚である。知覚可能な周波数の範囲である**可聴域**（hearing range）には個人差があるが，若年者ではおおむね 20 Hz～20 kHz である。また，**図 2.4** のように周波数によって感度が大きく異なり，最も感度が高い周波数帯は 2 ～ 4 kHz である。

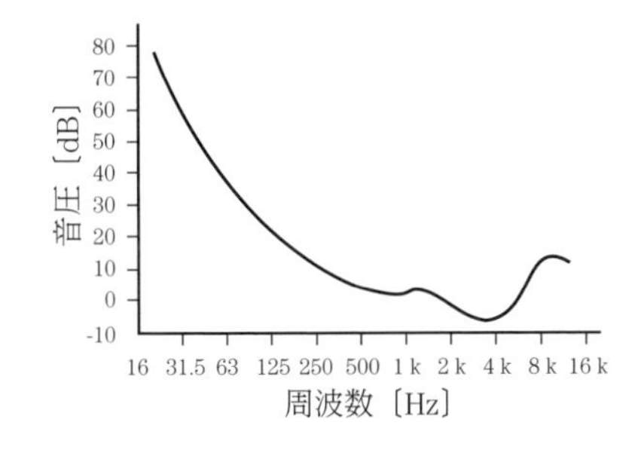

図 2.4　若年者の最小可聴値（聴覚閾値）（文献 5）を改変）

人が感じる**音の大きさ**（loudness）は，同じ音圧であっても周波数によって異なるが，同一周波数であれば，dB 表記された音圧すなわち振動振幅の対数におおむね比例する。主観的な音の高さである**音高**（pitch）は単位にメル（mel）が使用され，周波数の対数にほぼ比例するとされている。すなわち，音の大きさや高さの感覚は，物理的な振幅や周波数の対数に比例するとみなすことができる。

聴力は加齢によって低下し，特に高音域での低下が著しい。そのため，子音の聞き取りが困難になりやすい。また，15 kHz を超える音，いわゆるモスキート音は，若年者にしか聞こえない。HI に使用する音情報は，個人差や加齢も考慮したうえで，適切な大きさや高さに設定することが望まれる。

2.2.3　触　　　覚

触覚（tactile sensation）とは，外部から体表面に作用する圧や振動によって生じる感覚である。この触覚と，関節の位置や運動などといった体内の状態を知覚する**深部感覚**（deep sensation）と，温・冷覚や痛覚とを併せて**体性感覚**（somatosensory sensation）と呼ばれる[1)]。深部感覚は，固有覚や自己受容覚とも呼ばれる。これらの関係を**図 2.5** に示す。なお，物体を押したときなどに生じる感覚を，15.4 節で述べるバーチャルリアリティなどの分野では力覚と呼ぶ。力覚は，対象物に力を加える際に筋や関節に生じる深部感覚と，物体からの反力によって皮膚に生じる触覚の両者によってもたらされる複合的な感覚である。

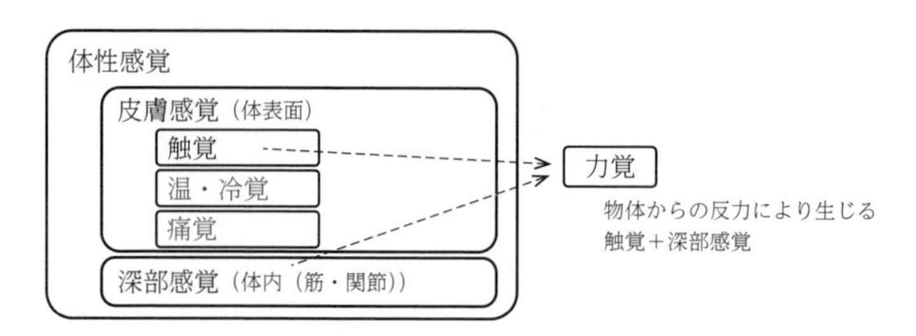

図 2.5　体性感覚と触覚，深部感覚，力覚

触覚受容器には周波数特性や順応速度，受容面積などが異なる 4 種類があり，表皮の下部や真皮に分布する。触覚受容器の分布密度は身体部位によって異なるため，人差し指の先端では約 2 mm 離れた二つの接触点の弁別が可能で

あるが，背中では約 60 mm 離れないと弁別できない[4]。

触覚は身体動作と密接に関連し，例えば，物体の表面粗さはなぞり動作によって皮膚に生じる振動の知覚が基礎になっている。また，重さで落下しない程度の力で軽く物体を把持するためには，触覚を介したすべりの知覚が必要不可欠である。

HI への触覚の利用例には，視覚障がい者用の点字ディスプレイや振動による携帯電話の着信通知などが挙げられる。また，打鍵やマウスクリックなどの操作においては，触覚は重要なフィードバック情報である。そこで，タッチパネルを利用したソフトウェアキーボード環境では，瞬時的な振動による代替フィードバックなどが試みられている。

2.2.4 感覚の法則性

物理的な刺激の強さと人の感覚の間には，多くの場面で近似的に**ウェーバー・フェヒナーの法則**（Weber-Fechner law）が成り立つことが知られている[1]。ある感覚器を物理刺激量 I で刺激したときに，式（2.1）のように，人が感じる感覚の大きさを S とすると，感覚量 S が刺激量 I の対数に比例するというものである。

$$S = k \log I \tag{2.1}$$

ここで，k は定数であり，その値は感覚の種類によって異なる。すでに述べたように，音の大きさや高さなど多くの感覚量がこの法則に従うことが知られており，HI の設計においては，刺激量の物理的な増減ほどには感覚量が変化しない点に留意する必要がある。

また，日常生活場面において，雑音や臭い，振動などが長時間続くと気にならなくなるように，感覚には，同じ刺激を継続的に与えられると感度が低下する**順応**（sensory adaptation）と呼ばれる現象が知られている[1]。したがって，持続的あるいは高頻度で繰り返し感覚提示を行うと，一定の強度であったとしても，ユーザは徐々に弱くなっているように知覚する，あるいは気づきにくくなる可能性がある点に注意する必要がある。

2.3　身体形状と運動

2.3.1　身　体　形　状

身体の形状や寸法は，ユーザが操作するHIデバイスを設計するうえで，考慮すべき重要な要素である。また，身体の寸法には，身長や肩幅のように動作の影響を受けないものと，歩幅や手の届く範囲のように動作の影響によって変化するものがある。

身長は，ほかの身体各部の寸法と相関し，人が使用する機械や装置の設計に影響する代表的な身体寸法の一つである。日本政府による統計ポータルサイト[6]によると，2018年における20～29歳の日本人男性の平均身長は171.4 cm，女性は158.7 cmである。対して，10歳では男性の平均身長が138.4 cmで女性が140.6 cm，70歳以上ではそれぞれ162.7 cmと149.0 cmと大きな差がある。個人差が大きい点にも留意する必要がある。

HIデバイスの設計には，腕や指などの上肢を中心とした身体各部の寸法も影響する。詳細な身体寸法の例は，産業技術総合研究所によって20～30歳の男性49名と20～35歳の女性48名のデータが公開されている[7]。

身体各部の関節が取り得る角度の範囲を**関節可動域**（range of motion）と呼び，身体各部の寸法と同様に，関節可動域もHIデバイスの設計に影響を及ぼす。関節可動域には個人差があり，骨折などの外傷や疾病，加齢などによって減少する。

作業時に人が到達可能な領域は，身体寸法に加えて，関節可動域や作業姿勢などの影響も受ける。また，**図2.6**に示すように，腕を曲げて楽に作業可能な領域は，手を最大限に伸ばして到達可能な領域の7割程度である。

HIデバイスや作業環境の設計に際しては，対象とするユーザが操作可能であることはもちろん，無理な姿勢などによる身体負荷が低減されるように機器の大きさや形状を設定することが求められる。また，可変式の構造や複数の操作方法の提供などによって，できるだけ多様なユーザに対応可能な設計とすることが望ましい。

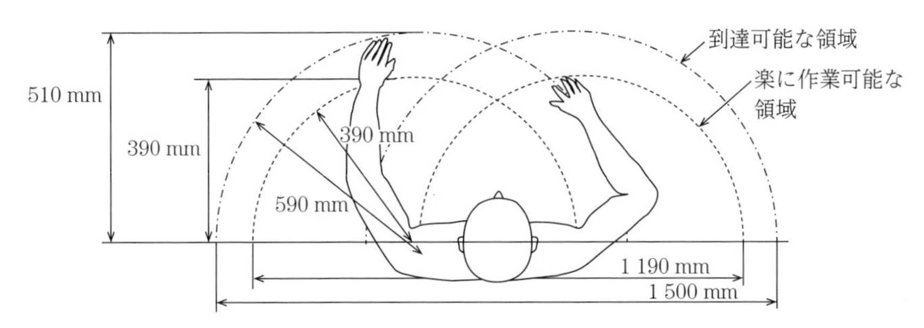

図 2.6 成人男性が到達可能な領域と楽に作業可能な領域の例（文献 8）を改変）

2.3.2 運　　　動

HI に限らず，人の運動の多くは環境とのインタラクションのために行われる。例えば，物体を把持する場面を考えてみると，把持に先だって対象物体の位置や形状を認知する必要がある。すなわち，適切な運動を行うためには，各種感覚を介して環境を認知する必要がある。逆に，物体表面の粗さを知覚する場面では，適切な接触力を維持しつつ手で物体表面をなぞる動作が求められる。このような知覚と運動の相互協調作用を**知覚運動協応**（perceptual motor coordination）と呼ぶ[4]。

また，運動制御には，事前に設定した目標や軌道に基づいて制御を行うフィードフォワード制御（弾道運動とも呼ばれる）と，目標と実際の運動の誤差に基づいて動作を修正するフィードバック制御(修正運動とも呼ばれる)がある。例えば，目標物に向かって手を伸ばす動作は，環境や動作に十分に習熟していればフィードフォワード制御で実現できる。しかし，不慣れな環境，例えば鏡を介して手元を見ながら絵をなぞるような状況では，動作を逐次修正するフィードバック制御が必要になる。実際の人の運動は両者の性質を併せ持っており，マウスを用いたポインティング動作も，標的に向かって大まかに動かすフィードフォワード制御と，ポインタの位置を標的に合わせて微調整するフィードバック制御からなっている。

カーソルのポインティングなどを含む位置決め動作に関しては，**フィッツの法則**（Fitts's Law）がよく知られている[9]。**図 2.7**（a）のように初期位置から

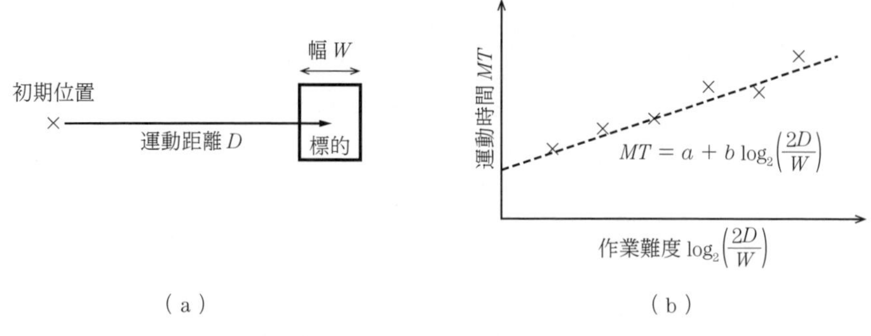

図 2.7　位置決め動作における作業難度と運動時間の関係

距離 D にある幅 W の標的まで移動するとき，フィッツの法則では，運動時間 MT は式（2.2）で近似可能とされている。

$$MT = a + b\log_2\left(\frac{2D}{W}\right) \tag{2.2}$$

ここで，$\log_2(2D/W)$ は位置決め作業の難度に相当し，標的までの距離が遠いほど, あるいは標的のサイズが小さいほど運動時間が長くなることを意味する。図 2.7（b）の回帰直線の切片と傾きに相当する定数 a，b は使用する装置によって異なるため，ポインティング装置の性能指標とすることができる。

GUI 環境でのポインティング作業にあてはめてみると，アイコンやメニュー項目の配置やサイズによってポインティング時間が異なり，さらに，単純比例ではなく対数に比例することを意味する。設計に際しては，これらの点に留意する必要がある。

2.4　HI のユーザ身体・精神への影響

作業によって人に生じる身体的あるいは精神的な負荷は，積み重なると身体や精神に疲労をもたらす。コンピュータを用いたビジュアルディスプレイターミナル（Visual Display Terminal, VDT）作業における過度な身体疲労は，**VDT**

症候群や手根管症候群などを引き起こす場合があり，精神疲労は各種精神疾患の要因となり得る。VDT症候群は，ディスプレイに向かって長時間作業することにより，目や身体や心に影響が及ぶ疾患である。手根管症候群は，手首を走る正中神経が圧迫されることによって手首に痛みやしびれが生じる疾患で，同じ動きを長期間繰り返すことによって発症する。

VDT作業によって生じる身体・精神負荷には，**図2.8**のように，照明や騒音などの周辺環境，作業に適した姿勢を保つための机や椅子，表示画面の大きさや明るさといった物理的な要因に加えて，文字のサイズやアイコン等の色，コントラストなどの画面設計も大きく影響する。さらに，操作方式やデバイス形状は作業者に合ったものである必要がある。

図2.8　VDT作業における身体・精神負荷の要因

作業時間も負荷に大きく影響する。厚生労働省は，一連続作業時間が1時間を超えないようにし，次の連続作業までの間に10～15分の作業休止時間を設けることや，一連続作業時間内において1～2回程度の小休止を設けることを推奨している[10]。

身体負荷や精神負荷は，疾患の原因になるばかりではなく，作業におけるエラーの要因にもなる。すなわち，物理的な環境を含む広い意味でのHIを適正に設計することは，疾患防止と作業効率の両面において重要である。

2.5 生理指標

人の神経系は，**図 2.9** のように脳と脊髄からなる中枢神経系と末梢（まっしょう）神経系に分類され，末梢神経系は，感覚と運動を支配する**体性神経系**（somatic nervous system）と，内臓を支配し意志だけでは制御できない**自律神経系**（autonomic nervous system）から成っている。さらに，自律神経系には**交感神経系**（sympathetic nervous system）と**副交感神経系**（parasympathetic nervous system）があり，一方の活動が高まると他方の活動が低下する拮抗関係にある。

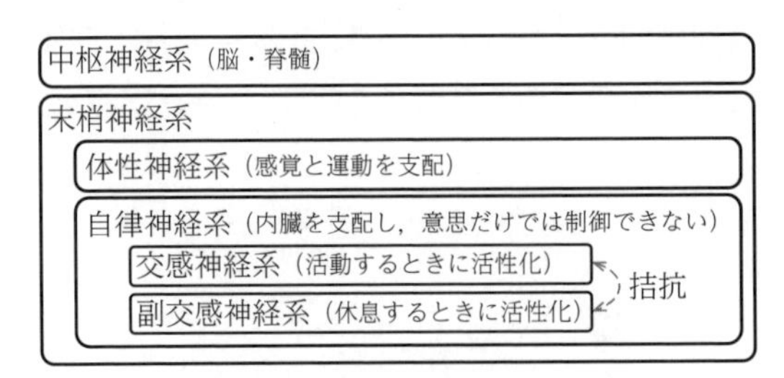

図 2.9　神経系の構成と機能

交感神経系は，人がエネルギーを使って活動するときに活性化される。交感神経系の活動が活性化されると，心拍数や血圧が上昇し肝臓ではグリコーゲンの分解が進むが，消化器の活動は抑制される。他方，副交感神経系は休息時や睡眠時に活性化され，心拍数や血圧が低下して消化器の活動は促進される。

人の身体活動は必然的に身体各部の筋とそれらを支配する体性神経系や中枢神経系の活動を伴い，活動強度に連動して循環器や呼吸器などを支配する自律神経系の活動レベルも変化する。さらに，自律神経系はストレスや疲労などの内的状態の影響も受ける。そのため，筋電位や脳波，心拍数などの生理指標は，人の身体活動や内的状態を評価あるいは推定する指標として利用されることがある。HI 分野で利用される代表的な生理指標とその変化を，**表 2.1** に示す。

ストレスは心拍数の周期変動の減少や血圧の一時的な上昇，副腎皮質ホルモンの一種であるコルチゾールの濃度上昇などを引き起こす。作業などによる精神疲労は，2.2.1 項で述べたフリッカー値の低下を招く。身体疲労の原因となる

表 2.1 代表的な生理指標と各種事象によって生じる変化（文献 11）を抜粋改変）

支配神経系	生理指標	影響事象			変化
		ストレス	疲労	覚醒度	
自律神経系	心拍数	○		○	ストレスにより上昇し，周期変動は減少。覚醒度低下で低下
	血圧	○			ストレスにより上昇（一時的）
	呼吸数	○			ストレスにより上昇（一時的）
	コルチゾール	○			ストレスにより血液や唾液中の濃度が上昇
	皮膚電気活動	○		○	感情刺激は皮膚コンダクタンス反応を生じ，覚醒度低下により皮膚コンダクタンス水準が変動
中枢神経系	脳波			○	覚醒度が低下すると，周波数成分が低周波側に移行
	フリッカー値		○		疲労により低下
体性神経系	眼球運動			○	覚醒度低下により急速眼球運動成分が減少
	筋電位		△		当該部位の筋活動量と比例

筋活動量は筋電位が目安となる。覚醒度の低下は，脳波の周波数成分の低周波側への移行や急速眼球運動の減少，皮膚コンダクタンス水準の変動などとして表出する。これらのほかにも身体各部の温度，血中酸素濃度，誘発脳波や瞳孔径など，人の身体活動や内的状態と関連する多様な指標が知られている。さらに，近年は視線計測装置で計測した注視点などの利用も増えている。

生理指標は，身体活動に加えて，客観的な評価が困難なストレスや疲労などの目安を与えるため，さまざまな場面で HI の評価に応用される。さらに，生理指標のリアルタイム計測によるユーザ支援，例えばシステムが疲労や覚醒度低下を検出して休憩を勧めるような応用も想定される。他方で，生理反応の要因には身体的なものと心理的なものがあり，さらに，心理的要因による反応は一般に身体的要因によるものよりも弱い点に注意が必要である。例えば，呼吸数や血圧の増加がストレスによるものなのか身体活動によるものなのか値だけからは判断できないため，主観評価やほかの生理指標と併用することが望ましい。

演習問題

2.1　視力2.0のユーザが0.2mの距離でディスプレイを観察するとき，ディスプレイのピクセルが識別不可能になる限界の解像度を求めよ。

2.2　音の振動振幅が2乗倍（例えば10から100）になったとき，人が感じる音の大きさは元の音の何倍程度になると見込まれるか，根拠となる法則を挙げて説明せよ。

2.3　ポインティング作業における，標的までの距離や標的の大きさと運動時間の関係を，フィッツの法則に基づいて説明せよ。

2.4　VDT作業による身体負荷や精神負荷がもたらす可能性がある症状と，身体負荷や精神負荷に影響する要因を簡潔に列挙せよ。

2.5　HIの評価に生理指標を使用する際の注意事項を簡潔に述べよ。

発展課題

2.1　人の感覚特性を利用したHIデバイスにはどのようなものがあるか，調査してまとめよ。

2.2　複数のユーザを対象に，到達可能な領域と楽に作業可能な領域を計測し，それぞれのユーザに適したGUI作業環境を検討せよ。

引用・参考文献

1)　真島英信：“生理学”，文光堂（1986）

2)　乾　敏郎 監修，電子情報通信学会 編：“感覚・知覚・認知の基礎”，オーム社（2012）

3)　J. K. Bowmaker, H. J. Dartnall: “Visual Pigments of Rods and Cones in a Human Retina”, J. Physiol., 298, pp.501-511 (1980)

4)　大山　正ほか 編：“新編 感覚・知覚心理学ハンドブック”，誠信書房（1994）*

5)　“ISO226:2003 Acoustics — Normal Equal-Loudness-Level Contours”, International Organization for Standardization (2003)

6)　政府統計の総合窓口（e-Stat）：“国民健康・栄養調査 身長・体重の平均値及び標準偏差 — 年齢階級，身長・体重別，人数，平均値，標準偏差 — 男性・女性，

1 歳以上〔体重は妊婦除外〕”，https://www.e-stat.go.jp/dbview?sid=0003224177 （2024 年 5 月現在）
7） 河内まき子，持丸正明：“AIST/HQL 人体寸法・形状データベース 2003”，産業技術総合研究所 H18PRO-503（2006）
8） R. M. Barnes: “Motion and Time Study (3rd ed.)”, John Wiley & Sons (1949)
9） P. M. Fitts: “The Information Capacity of the Human Motor System in Controlling the Amplitude of Movement”, J. Exp. Psychol., 47, 6, pp.381-391 (1954)
10） 厚生労働省：“情報機器作業における労働衛生管理のためのガイドライン”，（2019）
11） 田村　博 編，吉川榮和 著：“神経系と生理指標”，“ヒューマンインタフェース”，pp.44-48，オーム社（1998）*

*は複数章引用文献

3章

人の心理特性

本章では，人の心理特性について述べる。特に，人が外界からの情報を得る際の知覚特性を中心に，知覚した情報を記憶したり，繰り返し学習したりする際の特性，さらに人の情報認知における注意の効果などについて述べる。

本章の目的は，直感的に理解が可能で，操作の習得や記憶が容易な HI を設計するための基礎となる，人の心理特性を理解することである。

▼ 本章の構成

節・項のタイトル以外のキーワード

- 知覚，認知 → 3.1 節
- 群化 → 3.1.2 項
- 錯視，多義図形，反転図形 → 3.1.3 項
- 音源定位 → 3.1.4 項
- 短期記憶，長期記憶，作業記憶，宣言的記憶，手続き的記憶，エピソード記憶，意味記憶，チャンク，再現，再認 → 3.2.1 項
- 選択的注意，カクテルパーティ現象，分割的注意 → 3.3 節

▼ 本章で学べること

- 人が外界情報を知覚する際のさまざまな特性や法則性
- 記憶しやすさに影響する要因や繰り返しによる学習の特性
- 人の情報認知における注意の効果

3.1 人の知覚特性

本書では，外界からの刺激を人が感じることを**知覚**（perception）と呼び，感じた内容を記憶と照らし合わせて解釈することを**認知**（cognition）と呼ぶ。なお，複数の知覚した内容は統合されて，認知される。また，認知した結果に基づいて，人は意志決定したり次の行動を判断したりする。知覚，認知，および判断などの関係を**図 3.1** に示す。なお，図 3.1 の関係図は単純化したものである点に注意する必要がある。例えば，知覚と認知とを明確に分離するのは困難である。また，すべての認知が複数の感覚に基づいているわけではない。

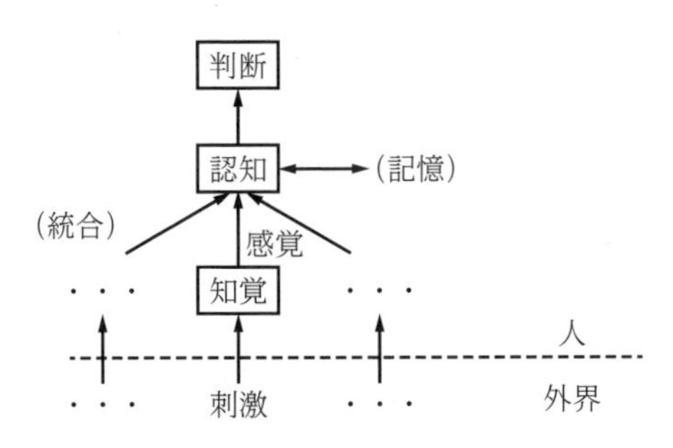

図 3.1 知覚，認知，および判断などの関係

3.1.1 奥行き知覚

奥行き知覚（depth perception）とは，事物を 3 次元的に知覚することである。人は，視覚，聴覚，触覚により奥行きを知覚するが，ここでは，GUI などの HI で利用されている視覚による奥行き知覚について述べる。

人が奥行きを知覚する手がかりは，以下のように生理的手がかりと心理的手がかりに分類することができる[1)]。なお，人の生理特性については 2 章で述べているが，奥行き知覚における生理的手がかりについては，説明の都合上ここで述べる。

● 生理的手がかり（単眼情報）

（a） **調　節**　　水晶体を調整する毛様体筋の緊張の度合いで奥行きを知覚する。緊張して水晶体が厚くなっていると近くに，弛緩して薄くなっていると遠くに知覚する（**図3.2**（a））。

（b） **運動視差**　　自分が動いたときの見え方の変化で奥行きを知覚する。見かけの動きが大きいものを近くに知覚する（図3.2（b））。

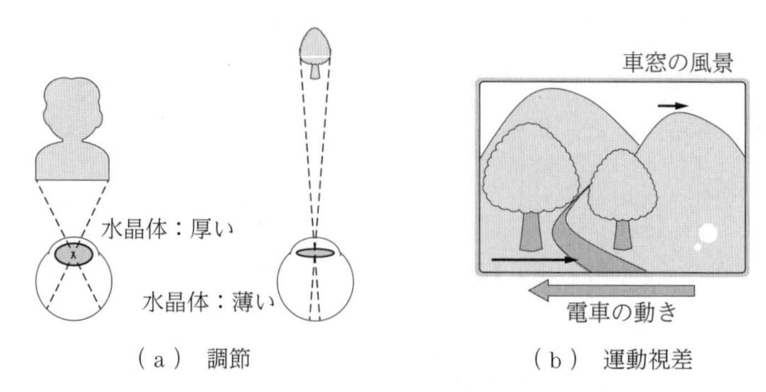

図3.2　奥行き知覚の生理的手がかり（単眼情報）

● 生理的手がかり（両眼情報）

（a） **両眼視差**　　左右の目に見える視覚情報の差によって奥行きを知覚する（**図3.3**（a））。

（b） **輻輳角**（ふくそうかく）　　対象物と両眼のなす角によって奥行きを知覚する（図3.3（b））。

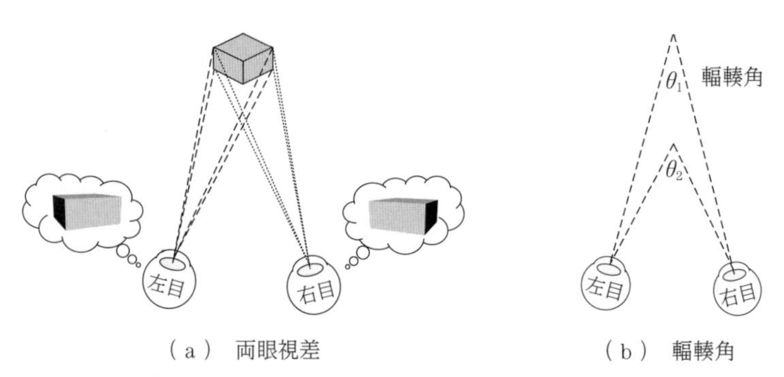

図3.3　奥行き知覚の生理的手がかり（両眼情報）

● **心理的手がかり**

（a）**重なり**　GUIのウィンドウが重なっているように，重なり具合によって手前にあるか奥にあるかを知覚する（**図3.4**（a））。

（b_1）**大きさ**　大きければ近くに,小さければ遠くに知覚する(図3.4(b))。

（b_2）**き　め**　きめが細かければ遠くに，粗くなるほど近くに知覚する(図3.4（b))。

（c）**消失点**　平面上での1点（消失点）に集まる直線群を3次元空間での平行線と知覚する（図3.4（c))。

（d_1）**コントラスト**　明暗差，すなわちコントラストが高いと近くに，低いと遠くに知覚する（図3.4（d))。

（d_2）**彩　度**　色の鮮やかさの度合いである彩度が高いと近くに，低いと遠くに知覚する（図3.4（d))。

（e）**明暗陰影**　対象の表面の明るさおよび影が，ある光源からの光によって変化しているかのように描かれている場合に，立体的に知覚する（図3.4（e))。

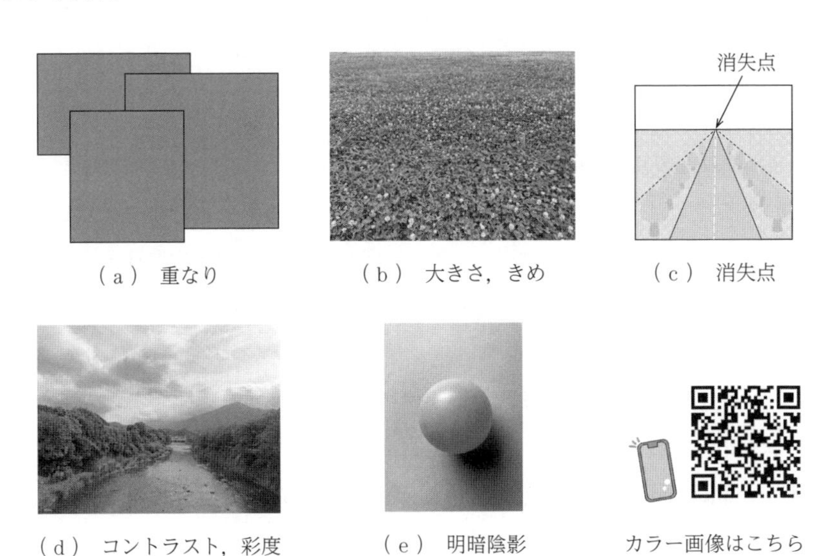

（a）重なり　（b）大きさ，きめ　（c）消失点

（d）コントラスト，彩度　（e）明暗陰影

図3.4　奥行き知覚の心理的手がかり

奥行き知覚の生理的手がかりである両眼視差は，3D 映画やバーチャルリアリティなどの立体視に用いられている。

心理的手がかりは，平面ディスプレイ上での GUI にも頻繁に利用される。例えば**図 3.5** に示す印刷ダイアログウィンドウでは，印刷部数の部分で用紙の「重なり」の手がかりを用いて奥行きを感じさせたり，「明暗陰影」の手がかりを用いてボタンを立体的に見せたりしている。なお，これらの心理的手がかりは知識や経験に依存するため，奥行きが知覚できなくても操作可能な HI を設計しなければならない。

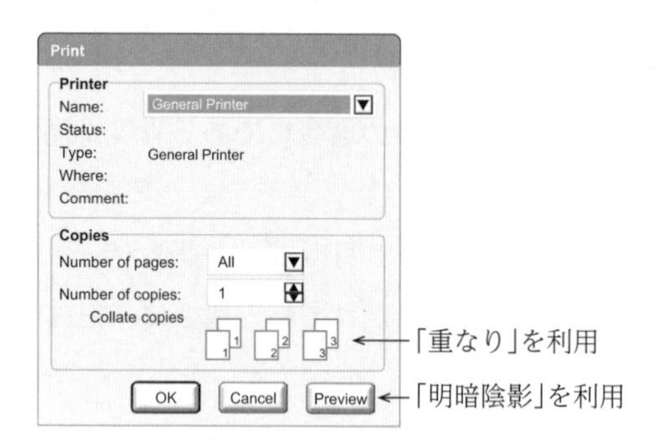

図 3.5　GUI における奥行き知覚の活用例（印刷ダイアログウィンドウ）

3.1.2　ゲシュタルトの法則

人間の知覚には，与えられた条件のもとで，できるだけまとまりの良い安定した構造を見出だす**群化**（grouping）と呼ばれる力学的均衡化の原理が働く。これを**ゲシュタルトの法則**（Gestalt law）と呼ぶ。群化の要因として，ここでは以下の四つを挙げる[1)]。

（a）　近接（proximity）の要因　　空間的，時間的に近いものどうしがまとまって知覚されやすい（**図 3.6**（a））。

（b）　類同（similarity）の要因　　類似性の高いものどうしがまとまって知覚されやすい（図 3.6（b））。

（c）　閉合（closure）の要因　　閉じた領域を形成しようとするものどう

しがまとまって知覚されやすい（図3.6(c)を見ると多くの人が四つの角カッコではなく，二つの正方形と知覚するだろう）。

(d) 良い連続（good continuation）の要因　滑らかに連続するものどうしがまとまって知覚されやすい（図3.6(d)）。

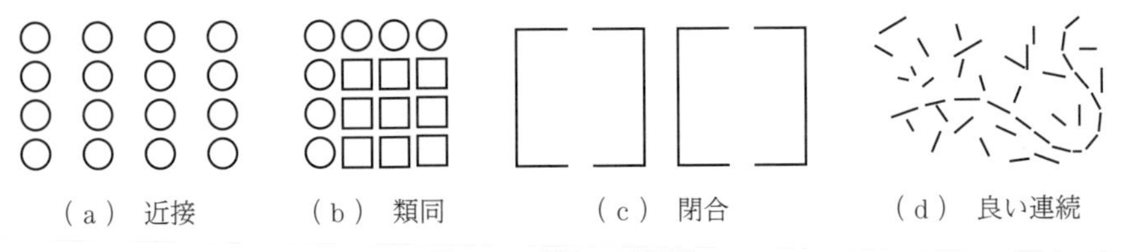

図3.6　群化の要因例

なお，閉合の要因はほかの要因よりも強く働く傾向にある。例えば，**図3.7**(a)では，近接の要因によって，縦長の長方形が2本ずつの左右2群に見えるが，同じ図に線を加えた図3.7(b)では，閉合の要因によって，内側の縦長の長方形2本が群として見える。

群化をHIに利用した例は，7.3.1項の図7.7に示している。

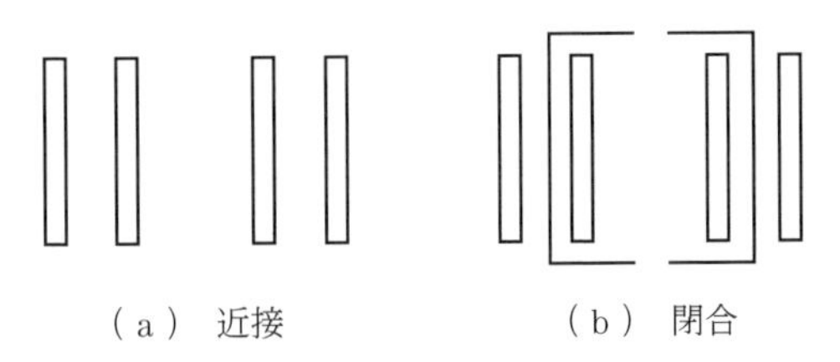

図3.7　近接の要因と閉合の要因の知覚強度比較の例

3.1.3 錯覚

錯覚（illusion）とは，知覚された対象の性質や関係が，刺激の客観的性質や関係と食い違うことである[2)]。そして，**錯視**（optical illusion）とは視覚における錯覚である。

錯視の一例を**図3.8**に示す。この図は，クレーター錯視を参考に作成したものである。左列の四角および丸の図形は出っ張って見えるが，右列についてはくぼんで見える。しかし，左右の四角と丸はたがいに同じ図形であって，一方が

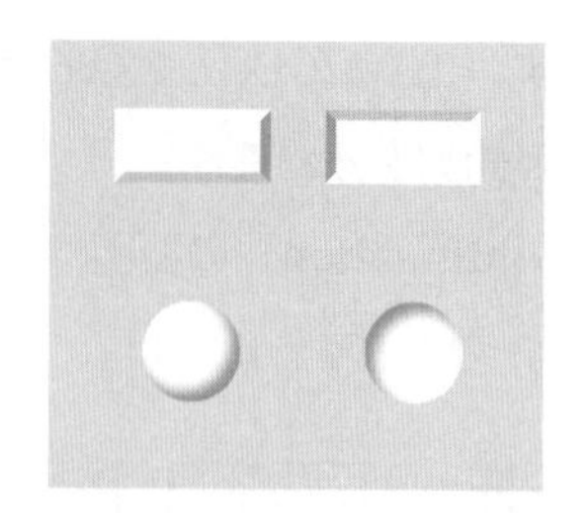

図 3.8　錯視の例（クレーター錯視を参考にして作成）

他方を 180°回転させただけである。人は日常生活において，上から光が当たっている環境に慣れているため，陰影の場所によって凸凹の見え方が違ってしまうのである。これは，奥行き知覚における心理的手がかりの「明暗陰影」とも捉えることができる。

多義図形（ambiguous figure）とは，客観的には同一の図形でありながら，二つ以上の解釈が成立する図形のことであり，**反転図形**（reversible figure）ともいう。解釈レベルでの違いが生じているので，知覚よりも認知に近いと捉えることができる。多義図形の一例を**図 3.9** に示す。この図は黒色を背景色とした白い花瓶にも，白色を背景色とした向き合った人にも見える。しかし，ある瞬間にはいずれか一つにしか見えない。また，多義図形がどのように解釈されるかは，見る人の知識や経験に依存する部分がある。

図 3.9　多義図形の例

錯視および多義図形からわかるように，HI における図的表示においては，作成者の意図と異なる意味にユーザが解釈する可能性があることに注意しなければならない。

3.1.4 仮現運動・音像定位

仮現運動（apparent motion）とは，映画やアニメーションのように，網膜に投影された画像の不連続な位置変化が生み出す運動印象である。仮現運動は，実際の連続的な運動を特定の時間間隔でサンプリングしたものと捉えることができる[3)]。仮現運動によって，少ないハードウェアで連続的な運動を擬似的に表現できる。例えば電車内の電光掲示板では，限られた数のLEDによって，連続的な運動を表現している（**図3.10**）。

図3.10　仮現運動の例（電車内の電光掲示板（“Passing Toyohashi Station.” と表示している一部））

音源定位（sound source localization）とは，音源の空間的な位置（聴取者から見た方向と距離）を判断することである。これに対して，音源の位置に関係なく，人が知覚した音の位置を**音像定位**（sound localization）と呼ぶ[4)]。音像定位のために，人は左右の耳から聞こえる音の大きさの違い，音が到達する時間差，あるいは周波数特性の違いなどを利用している。そのため，**図3.11**に示すように，左右二つのスピーカから再生する音を調整することによって，ユーザが知覚する音像の位置を連続的に変化させることができる。

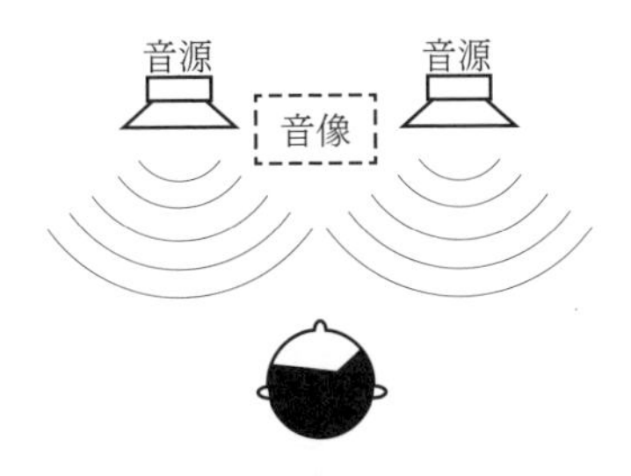

図3.11　音像定位の例（ステレオスピーカ）

3.2 記憶と学習

3.2.1 記　　憶

記憶（memory）とは，学習や経験を通して獲得した情報を保持し，必要に応じてそれを取り出す処理や機能のことである。

情報が保持される時間に焦点をあてた記憶の分類として，**短期記憶**（short-term memory）と**長期記憶**（long-term memory）がある。短期記憶の情報は時間の経過とともに忘却されるが，リハーサルによって情報の保持時間を伸ばすことができる。リハーサルが妨げられた場合，数秒から十数秒で情報は忘却される。また，**図3.12**に示すように，短期記憶の情報はリハーサルにより長期記憶に転送されるといわれている[4]。

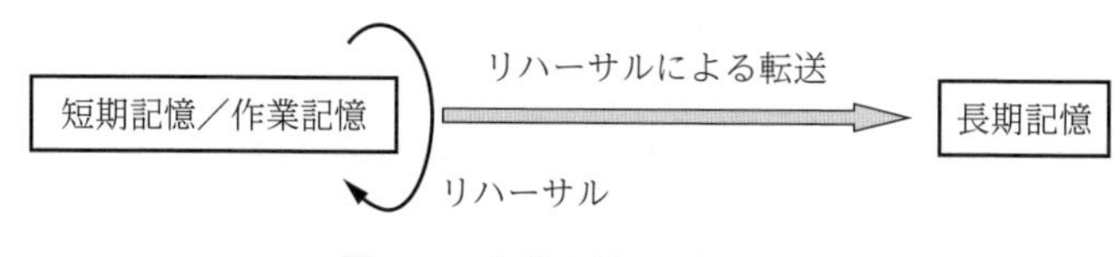

図3.12　短期記憶と長期記憶

短期記憶が一時的な情報の保持機能のみを指すのに対して，認知的な情報処理機能も含む概念が**作業記憶**（working memory）である。作業記憶は，例えば，暗算における数の記憶だけでなく計算も含む概念といえる。

長期記憶は，半永久的な記憶貯蔵システムとそこに蓄えられた知識，および，これらの知識を制御するメカニズムやプロセスを指す[3]。また，長期記憶は，言語によって記述できる事実に関する記憶である**宣言的記憶**（declarative memory）と，必ずしも言語によって記述できるとは限らない**手続き的記憶**（procedural memory）に分けることができる。手続き的記憶の一例としては，自転車の乗り方がある。さらに，宣言的記憶は，ある時間と場所での出来事についての記憶である**エピソード記憶**（episodic memory）と，時間や場所に依存しない事実や知識である**意味記憶**（semantic memory）の二つに分類されることもある[4]。長期記憶に属する各記憶の関係を**図3.13**に示す。

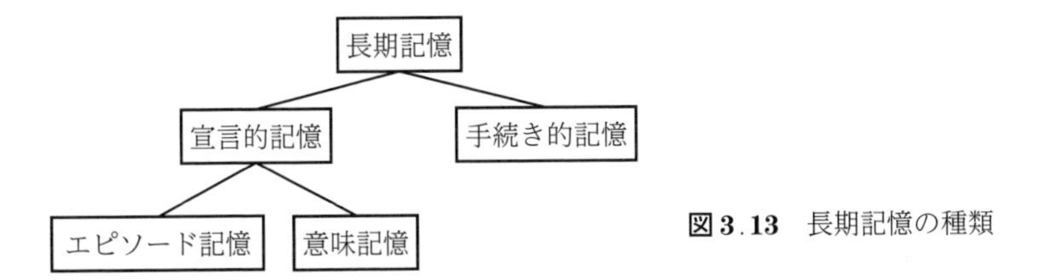

図 3.13　長期記憶の種類

作業記憶の容量は限られている。一般に成人における作業記憶の容量は，7 ± 2（5 から 9 まで）**チャンク**（chunk）程度といわれている[5]。チャンクとは作業記憶における記憶の単位（塊）である。例えば，**図 3.14**（a）に示す例では，アルファベットの 1 文字が 1 チャンクになる。しかし，図 3.14（b）に示す例では，単語一つが 1 チャンクとなる。

SAPPOROTOKYOOSAKAKYOTO

（a）1 文字が 1 チャンク

SAPPORO TOKYO OSAKA KYOTO

（b）1 単語が 1 チャンク

図 3.14　チャンクの例

HI を介してシステムを操作する際には，操作方法を長期記憶から取り出す必要がある。この操作方法を正確に**再現**（recall）する場合と，正確に再現はできなくても，操作方法の候補群が提示されればその中から目的のものを**再認**（recognition）する場合とがある。一般には，再現に比べて再認のほうが，容易である。

3.2.2 学　　習

一般的に**学習**（learning）とは，技能や知識の獲得を意味する。HI における技能獲得の例には，キーボードによるテキスト入力やマウスによるポインティング操作が挙げられる。

図 3.15 に，異なる二つのデバイスを継続的に使用した場合の，学習時間とタスク達成時間の関係の例を示す。デバイス B は使い始めたときのタスク達成時間がデバイス A よりも短いが，継続的に学習した後も，タスク達成時間があまり短くならない。一方，デバイス A は使い始めのタスク達成時間はデバイス B よりも長いが，学習するにつれてタスク達成時間が短くなり，

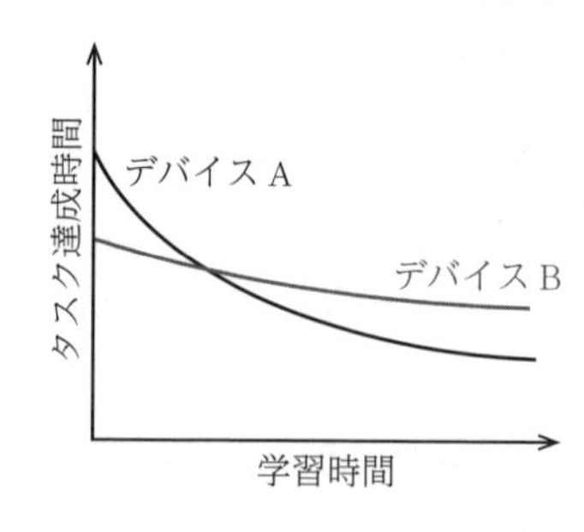

図3.15 学習時間とタスク達成時間の関係の例

ある時間を境にデバイスBよりも短くなっている。すなわち，初心者ユーザにとって使いやすく効率が良いデバイスやHIが，必ずしも熟練ユーザにとって効率の良いデバイスやHIとは限らないことを意味する。

また，人が初めて見るHIの操作方法を習得するときは，探索的に知識を獲得する場合が多い[6)]。例えば，GUIのメニュー項目の中から「印刷」などの目的のコマンドを探し出し，その箇所を記憶する場合が該当する。このような探索的な学習を支援するためには，メニューを設計する際には，類似したあるいは関連したコマンドをグループ化し，各グループに適切なグループ名をつけるようにすると良い。さらに，異なるアプリケーション間でも同じコマンドは同一のグループに属するようにすれば，ユーザの過去の経験や知識を活(い)かした効率的な探索が可能になる。なお，探索的に学習する場合には，試行錯誤を繰り返して，正しい操作を身につけていく場合もある。このような試行錯誤をユーザが躊躇(ちゅうちょ)なくできるようにするためには，操作を取り消すことができる機能を提供する必要がある。

3.3 注　　　意

注意（attention）は，ある物事，感覚，アイデアに選択的に集中し，ほかのものを無視する認知プロセスのことである[7)]。人が外界からの刺激を受けてから何らかの反応を示すプロセスを，記憶と注意との関連と併せて図示したものが**図3.16**である。この図のように，注意は刺激を受けて符号化する部分から，

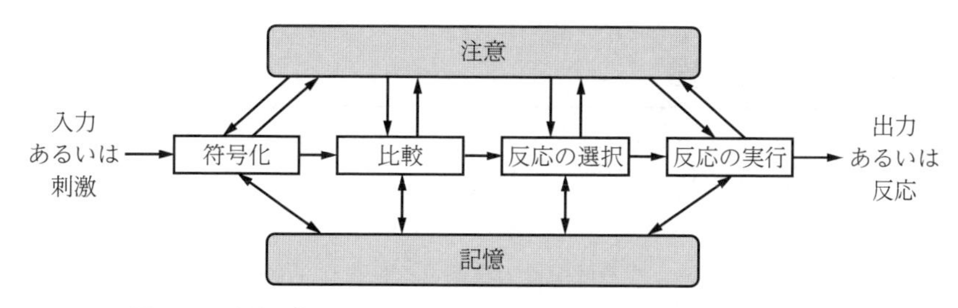

図 3.16　認知プロセスと注意および記憶との関係（文献 1）を改変）

記憶と比較し，反応を選択し，さらには反応を実行するまでのすべての認知プロセスと何らかの関係を持っている。

多くの情報が存在するなかで，いくつかの特定の情報のみを意識することを**選択的注意**（selective attention）と呼ぶ[8]。人は，パーティ会場のように何人もの声が同時に聞こえてくる場面であっても，特定の人との会話に加わりその内容を理解することができる。これは**カクテルパーティ現象**（cocktail party phenomenon）と呼ばれ選択的注意の一例と考えられる[9]。

他方，注意を複数の対象に配分することも可能であり，これを**分割的注意**（divided attention）と呼ぶ。人の作業記憶容量は有限であるため，携帯電話で話しながら運転する場合のように複数の作業を並行して実行すると，それぞれの作業に割り当てられる作業記憶が減少し，パフォーマンスが低下する[10]。したがって，HI の設計に際しては，複数作業の同時実行が生じない操作手順になるようにするなど，注意の分割が生じないよう工夫することが望ましい。

演　習　問　題

3.1　人が奥行きを知覚する生理的手がかりと心理的手がかりを二つずつ挙げ，それぞれを簡潔に説明せよ。

3.2　ゲシュタルトの法則における群化の要因を二つ挙げて，それぞれを簡潔に説明せよ。

3.3　長期記憶，短期記憶，および作業記憶とは何かを，それぞれ簡潔に述べよ。

3.4　カクテルパーティ現象とは何かを簡潔に述べよ。

発 展 課 題

3.1　利用しているアプリケーションのGUIにおいて，ゲシュタルトの法則を活用している事例を図示せよ。また，群化の要因のどれを利用しているかを併せて示せ。

3.2　エピソード記憶および意味記憶の事例をそれぞれ一つずつ挙げよ。

引用・参考文献

1）J. Preece, et al.: "Human-Computer Interaction: Concept and Design", Addison Wesley (1994)*

2）中島義明ほか 編："心理学辞典"，有斐閣（1999）*

3）日本認知科学会 編："認知科学辞典"，共立出版（2002）

4）高野陽太郎 編："認知心理学２ 記憶"，東京大学出版会（1995）

5）G. A. Miller: "The Magical Number Seven, Plus or Minus Two: Some Limits on Our Capacity for Processing Information", Psychol. Rev., 63, 2, pp.81-97 (1956)

6）W. M. ニューマン，M. G. ラミング 著（北島宗雄 監訳）："インタラクティブシステムデザイン"，ピアソン・エデュケーション（1999）

7）S. Goldstein, J. A. Naglieri (eds), E. Levin, J. Bernier: "Attention", "Encyclopedia of Child Behavior and Development", Springer (2011)

8）大山　正ほか 編："新編 感覚・知覚心理学ハンドブック"，誠信書房（1994）*

9）E. C. Cherry: "Some Experiments on the Recognition of Speech, with One and with Two Ears", J. Acoust. Soc. Am., 25, 5, pp.975-979 (1953)

10）H. Pashler: "Dual-Task Interference in Simple Tasks: Data and Theory", Psychol. Bull., 116, 2, pp.220-244 (1994)

*は複数章引用文献

4章

HIにおける人の行動とモデル

本章では，情報機器などの対話的装置と人がインタラクションを行う際の，人の理解や行動が有する特性や，人のHI行動を解釈するためのモデルについて述べる。さらに，人が意図せず起こす誤りであるヒューマンエラーについて述べる。

本章の目的は，HIにおける人の行動とモデルについて理解することである。その結果，HIにおける人の行動要因あるいは行動における問題点などの発見・理解が可能となる。

▼ 本章の構成

節・項のタイトル以外のキーワード

- 構造モデル，機能モデル →4.1節
- シグニファイア →4.2節
- 技能ベース，規則ベース，知識ベース →4.3.4項
- ヒックの法則 →4.4節
- スリップ，ラプス，ミステイク，ポストコンプリーションエラー →4.6節

▼ 本章で学べること

- メンタルモデルやアフォーダンスなど，人のHI行動を理解するための概念
- 異なる視点に基づく人のHI行動モデルとその適用例
- ヒューマンエラーの種類とその違い

4.1　メンタルモデル

メンタルモデル (mental model) とは，外部に存在する現実のシステムやものなどに対して人が抱く内的表象である。メンタルモデルは，事象の認知や推論，意思決定において主要な役割を果たすと考えられている。また，複雑な外部の現実と完全に同一ではなく，多くの場合は単純化されている。

メンタルモデルは，大きく二つに分類することができる。一つ目は**構造モデル** (structural model) であり，いかにして働いているかという，システムの内部構造の表象である。二つ目は**機能モデル** (functional model) であり，こうすればこう反応するという，システムの使い方の表象である [1)]。

例えば**図4.1**（a）のように，最寄り駅から大学のキャンパスまでを歩く人が，地図のように目的地や経路などの位置関係を記憶している場合は，構造モデルを持っていると考えられる。一方，経路を図4.1（b）のように目印などに応じてどう歩くかの手順を記憶している場合は，機能モデルを持つものと推測される。

ユーザが持つメンタルモデルが機能モデルの場合は，想定しない状況に陥ると対応できなくなる可能性が懸念される。例えば，図4.1（b）の例では，目印

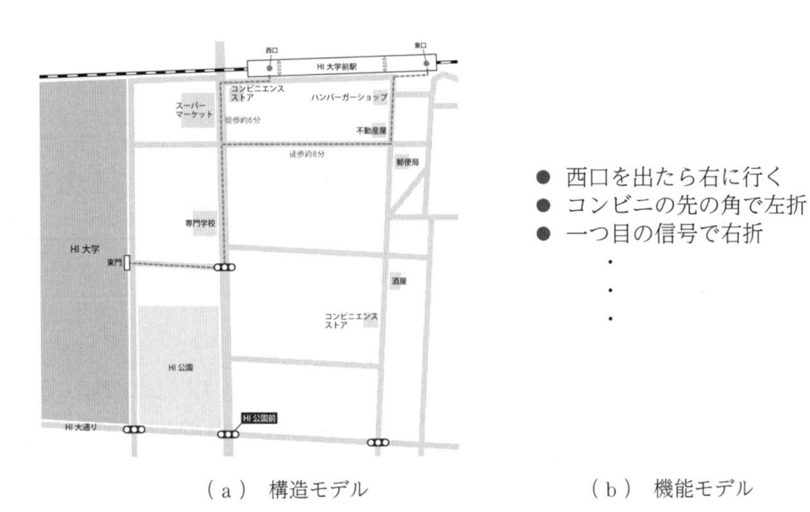

（a）　構造モデル　　　　（b）　機能モデル

図4.1　メンタルモデルの例（駅から大学までの経路）

を見逃すと目的地にたどり着けなくなるかもしれない。一方で，構造モデルを持っていれば，いつも通る道が工事で通れないなどの想定外の事態が生じても，目的地に到達できる可能性が高いと考えられる。

なお，人のメンタルモデルは，過去の経験などに基づいて構築される。したがって，HI の設計にあたっては，同じ対象であっても個人によってメンタルモデルが異なること，特に，ユーザのメンタルモデルが設計者のものと異なっている可能性を意識する必要がある。

4.2 アフォーダンス

アフォーダンス（affordance）は，ギブソン（J. J. Gibson）が提唱した，ものや環境と人（や動物）の関係を指す言葉である[2)]。ここでは，身近な例として，**図 4.2** に示す 2 種類のドアのアフォーダンスを考える。図 4.2（a）の引き戸は横にスライドさせて開けることをアフォードしており，図 4.2（b）の開き戸は押す開け方のみをアフォードしている（ノブがないので引けない）。また，いずれのドアも，開けて通り抜けることをアフォードしている。

ものが提供するアフォーダンスは，対峙（たいじ）する人の立場や特性によって変化し得る。例えば，路地裏の建物間にある隙間を通り抜けることが可能かどうかは，体型に依存する。また，階段は，大人には上り下りすることをアフォード

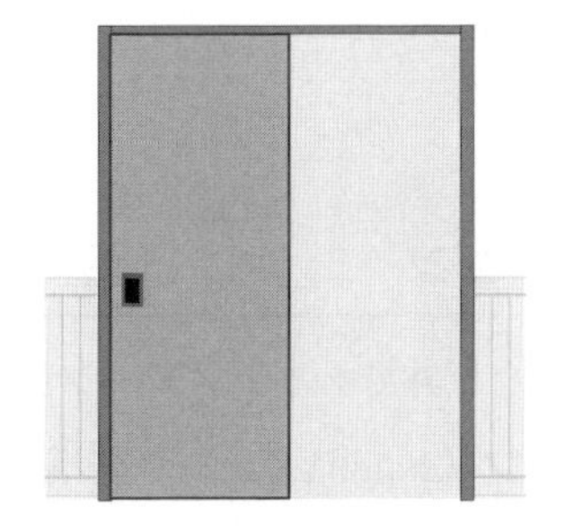

（a） 引き戸（横にスライドする）

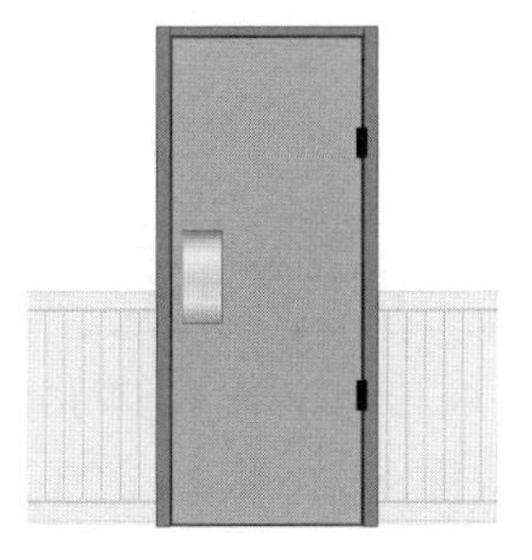

（b） 開き戸（押す）

図 4.2 アフォーダンスの例（ドアを開けるにはどうすれば良いか？）

しているが，ハイハイしかできない幼児には行き止まりである。

本来のアフォーダンスは，上記の例を含め，人の理解や主観には依存しない。しかし，HIの分野では，ユーザが対象物を見て，その機能や操作方法をどう理解するかまで含めてアフォーダンスと呼ぶ場合が多いため，本書もこの用法に従う。なお，このような用法はノーマンによって広められたが[3]，近年では知覚されたアフォーダンスや**シグニファイア**（signifier）と呼ぶことで，本来のアフォーダンスと区別している[4]。

GUI環境にあてはめてみると，ユーザはHI部品を物理的な部品の模倣と知覚し，機能や操作方法を類推していると考えられる。例えば**図4.3**（a）を見たユーザは，これをボタンの模倣と知覚し，押す操作を連想する。図4.3（b）を見たユーザはスライダだと知覚し，ノブを左右に動かす操作を連想する。このように，アフォーダンスは，明示的な説明なしにユーザに機能や操作を連想させることが可能であることから，GUIにおいて積極的に活用されている。しかし，実際に見聞きしたことがない機器の操作方法を見ただけでわかるとは限らない。すなわち，アフォーダンスはユーザの知識や経験に依存することに留意する必要がある。

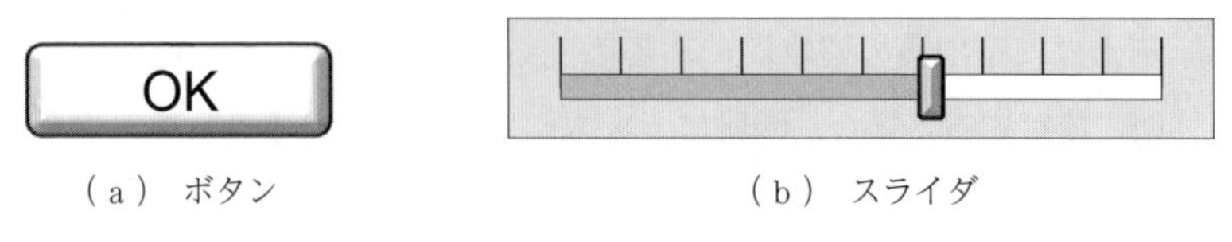

（a）ボタン　　（b）スライダ

図4.3　アフォーダンスの例

4.3　デノテーション・コノテーション

記号から人が読み取る意味には，直接的な意味である**デノテーション**（denotation）と間接的に連想する**コノテーション**（connotation）がある[5]。辞書には，デノテーションは「明示的意味，文字どおりの意味」，コノテーションは「言外の意味」と記されている。**表4.1**にアイコンとそのデノテーション，コ

表4.1 デノテーションとコノテーションの例

アイコン	(鉛筆の図)	(ペンチの図)
デノテーション	鉛筆	ペンチ
コノテーション	書く，削る，小さな物を押す	持つ，固定する，引っ張る

ノテーションの例を示す。

コノテーションの利用によって物の図から機能を連想させることが可能になるが，鉛筆やペンチの例のように，われわれの身の回りの物は複数の機能を持つ。さらに，コノテーションは，4.2節で述べたアフォーダンスと同様に，人の知識や経験に依存する。そのため，アイコンを使って機能や操作をコノートする場合は，できるだけ複数の機能を持つ図柄は避け，それが不可避な場合でも，目的とする機能が最も強くコノートされる図柄にする必要がある。例えば，検索ボタンに虫眼鏡が用いられる場合があるが，虫眼鏡の本来の機能は拡大であり，検索は拡大機能を利用した二次的機能であるため，拡大と誤解する可能性が高い。ほかの図柄を使用するか，複数の図柄を組み合わせるなどして誤解を避けることが望ましい。

4.4 判　　　　断

判断とは，人が自らの認識に基づいて，行動に関与する複数の選択肢から一つを選択することである[6)]。

複数の選択肢から一つを選択する際には，**図4.4**のように，選択に要する時間は選択肢の数に対して対数的に増加する。これを**ヒックの法則**（Hick's law）と呼ぶ。

ヒックの法則では，n個の選択肢が同様の確率で選ばれるとしたとき，一つの選択肢を決定するのに要する時間Tは式（4.1）で近似される。なお，kは定数である。

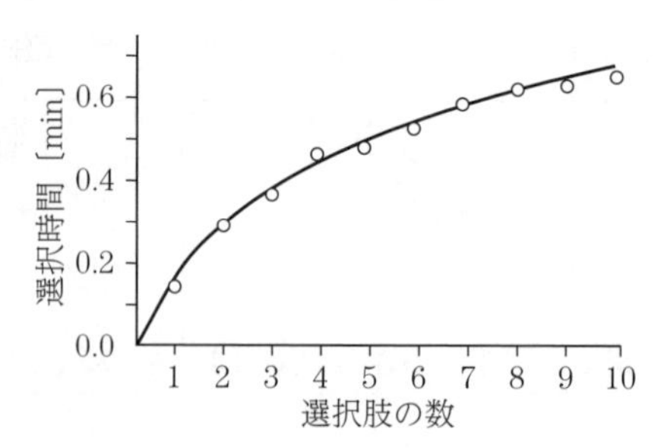

図 4.4　選択肢の数と選択時間の関係
（文献 7）を改変）

$$T = k \log_{10}(n + 1) \qquad (4.1)$$

選択される確率が選択肢ごとに異なる場合は，一つの選択肢を決定するのに要する時間 T は式（4.2）で表される。ここで，p_i は，i 番目の選択肢が選ばれる確率である。

$$T = k \sum_{i}^{n} p_i \log_{10}\left(\frac{1}{p_i} + 1\right) \qquad (4.2)$$

そして，$p_i = 1/n$ のとき，すなわち選択肢の選択確率が同じときは，式 (4.2) は式（4.1）となる。

ヒックの法則は，メニューデザインなどの場面において，選択に要する時間の見積もりに有用である。ただし，ヒックの法則のみに従うと，多数の項目を選択するメニューは，できるだけ浅い階層にして一度に多数の選択肢を表示したほうが選択時間が短いことになるが，実際には視認性なども考慮して一階層あたりの表示数や階層の深さを決定する必要がある。

4.5　インタラクション行動のモデル

HIに関連する人間の行動モデルには，人間の内部処理を定量化したものや，人間の行動を段階に分けて単純化したものなどがある。このような人間の行動モデルは，ユーザの行動を予測して設計に役立てたり，評価の際にユーザの行動を説明したりするなど，インタラクションデザインに利用することができる。

4.5.1　モデルヒューマンプロセッサ

モデルヒューマンプロセッサ（Model Human Processor, MHP）は，**図4.5**に示すように，人間を，知覚，認知，運動の三つのプロセッサと記憶によって構成される情報処理システムとして捉えるモデルである[8]。記憶は，3.2.1項で述べたように長期記憶と作業記憶からなり，さらに，作業記憶は視覚情報や聴覚情報を短時間そのまま保持する二つのイメージ貯蔵庫を有する。

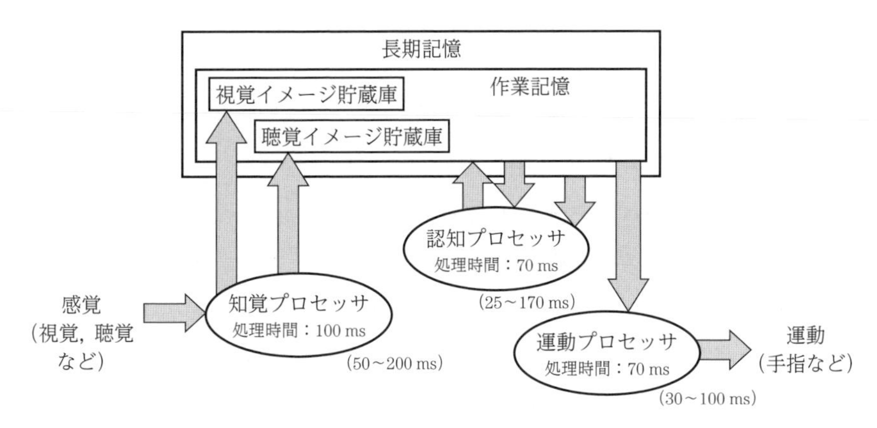

図4.5　MHPの概念図（文献8）を改変）

MHPの特徴は，各プロセッサの処理時間や記憶の容量と保持時間が量的に定義されている点である。図4.5中に各プロセッサの処理時間の代表値を，**表4.2**に記憶の保持時間と保持容量の代表値を示す。

表4.2　記憶の保持時間と保持容量の代表値（文献8）を改変）

	視覚イメージ貯蔵庫	聴覚イメージ貯蔵庫	作業記憶	長期記憶
保持時間	200 ms	1 500 ms	73 s（1チャンク） 7 s（3チャンク）	∞
保持容量	17文字	5文字	7±2チャンク	∞

MHPは，作業を知覚，認知，運動からなる処理系列に分解することによって，作業達成時間の見積もりを可能にする。例えば，画面に表示された氏名が正しければEnterキーを押す場合は，画面表示を知覚し，文字列を認識して，

自分の氏名と照合（認知）し，正誤を判断（認知）して，打鍵を実行する，といった形に分解することで，近似的に所要時間（この例では知覚＋認知×3＋運動＝380 ms）を見積もることができる。

記憶についても，作業記憶には7チャンクという容量の制約に加えて保持時間にも制約があるため，作業に必要な情報を途中で忘れる可能性を事前に確認することができる。ただし，本項で紹介した処理時間や記憶容量などの値は代表的な近似値であり，作業内容や環境によって変動するとともに個人差もある[8)]ため，これらに留意する必要がある。

4.5.2　キーストロークレベルモデル

キーストロークレベルモデル（Keystroke Level Model, KLM）は，人の操作をキーの打鍵，マウスの移動，マウスのクリック，そしてマウスとキーボード間の手の移動というレベルまで細分化し，それぞれの所要時間の和として作業達成時間を定量的に予測することを目指したモデルである[9)]。KLMにおける基本操作と各操作に要する時間を**表4.3**に示す。打鍵・クリックのKとポインティングのPの前には思考時間Mを加算するが，表中に記載したように，

表4.3　KLMにおける基本操作と操作所要時間（文献9）を改変。Mの省略ルールの一部と線描画の時間Dなどを省略）

基本操作		操作所要時間
K	キーボードやマウスボタンの操作	0.08 s（熟練者） 0.20 s（一般） 1.20 s（初心者）
P	目標のポインティング	1.10 s
H	キーボードやほかの装置への手の移動	0.40 s
M	思考時間 ● 文字列構成文字以外のKや指令のPの前にMを加算 ● Mの直後の操作が前の操作から予測できるとき（Pに続くKなど）は省略 ● MKの列が認知単位をなすとき（コマンド名など），最初以外のMを省略	1.35 s
R(t)	システムの応答時間	t（実測値）

いくつかのケースでは省略して，一連の操作の所要時間を計算する。

KLM を，打鍵中にマウスで「閉じる」ボタンをクリックしてウィンドウを閉じる場合と，キーボード操作で閉じる場合に適用した例を**図 4.6** に示す。KLM による操作時間は近似値であり必ずしも正確な予測を与えるわけではないが，異なる操作体系の所要時間を事前に予測して比較できる点において有用である。

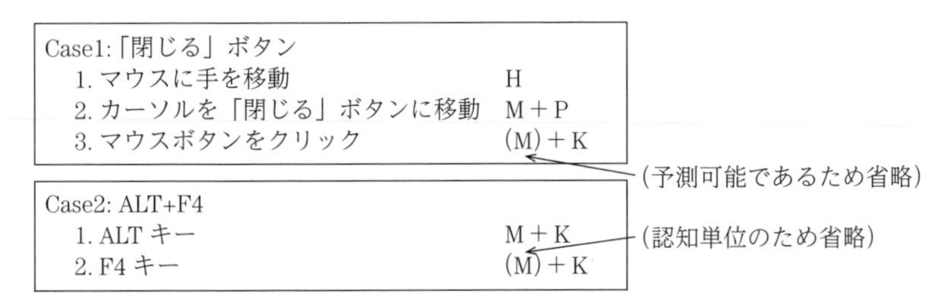

図 4.6　KLM の適用例

MHP や KLM のように，インタラクション行動の定量的なモデル化を目指したものには，ACT-R（モデルではなく認知アーキテクチャと呼んでいる）も知られており，シミュレーション機能も実装されている[10]。

4.5.3　ノーマンによる行為の 7 段階モデル

図 4.7 に示す**ノーマン**（D. A. Norman）**による行為の 7 段階モデル**は，人間のインタラクション行為を目標実現行動とし捉えるモデルである[3]。

ユーザが HI を利用する際には何らかの目的や欲求を持っており，これを

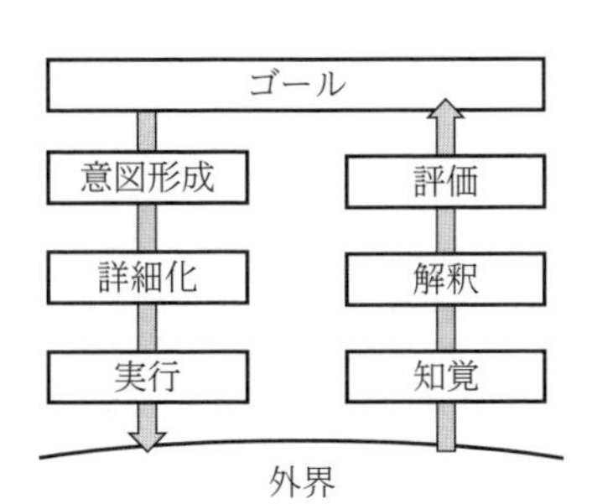

図 4.7　ノーマンによる行為の 7 段階モデル（文献 3）を参考に作成）

ゴールとする。ユーザは，ゴールを実現するための行動を意図し，それを詳細化して実行する。その結果，外界（システム）には変化が生じる。そうすると，ユーザは外界からの応答を知覚し，解釈して，ゴールが達成されたかどうかを評価する。なお，このモデルは近似的なもので，実際には各段階の境界は曖昧であり，ユーザの目的が1回の行動で達成されない場合も多い。

以下に，7段階モデルを，ユーザが昨日作成した原稿を確認する場面に適用した例を示す。

1）　昨日作成した原稿を見たいと思っている（ゴール）
2）　原稿をワープロソフトで呼び出そうと考える（意図形成）
3）　マウスを操作して原稿ファイルのアイコンをダブルクリックしようと思う（詳細化）
4）　実際に実行する（実行）
5）　画面上に表示された文書ファイルが見える（知覚）
6）　見えている文書ファイルの内容を読み取る（解釈）
7）　開いた文書ファイルが目的とする昨日のものか判断する（評価）

ノーマンの7段階モデルの長所は，HIを設計する際に問題が生じそうな箇所や，問題が生じたときにその原因がある箇所を考えやすくする点である。例として，コンピュータ画面にフィードバックメッセージが表示されているのにユーザの作業が停止している場面を考える。もし表示に気づいていないのであれば，知覚段階に問題が生じているため，表示を見やすくすることで解決すると考えられる。あるいは，フィードバックに気づいているが内容がわからないという解釈段階の問題の場合には，表示メッセージをより理解しやすくすることで解決すると期待される。

4.5.4　ラスムッセンのSRKモデル

ラスムッセン（J. Rasmussen）は，人のインタフェース行動を，**図4.8**のように，熟練のレベルに応じて**技能**（skill）**ベース**，**規則**（rule）**ベース**，**知識**（knowledge）**ベース**の3段階に分けてモデル化した[11),12)]。これを，頭文字を

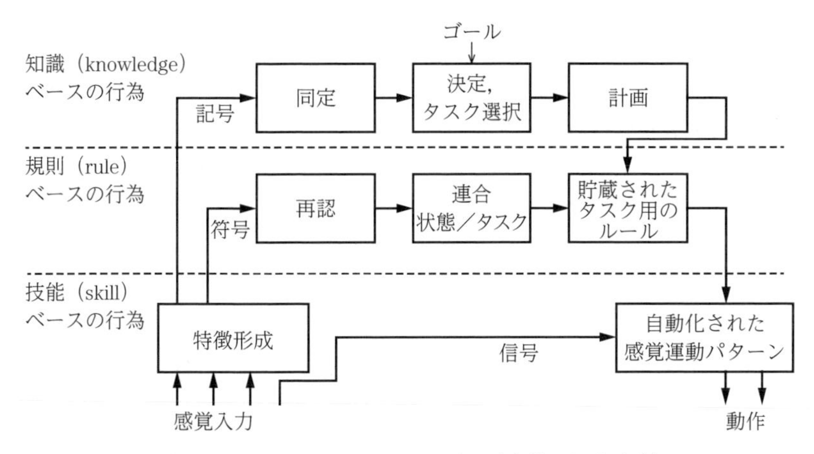

図 4.8　ラスムッセンの SRK モデル（文献 11）を改変）

取って**ラスムッセンの SRK モデル**と呼ぶことがある。

最も熟練したレベルに相当する技能ベースの行為では，外界の情報を単なる信号として受け取り，無意識のうちに自動化された感覚運動パターンに基づいて実行される。規則ベースの行為は，意識的ではあるがパターン化されており，特定のゴールを実現するために獲得されているルールに基づいて実行される。最も熟練度が低い知識ベースの行為は，外部状況を抽象的な記号として認知して意味づけし，自らのメンタルモデルに基づいて取るべき行動を決定する。SRK モデルでは，知識ベースの行為を繰り返すことによって規則ベースの行為が獲得され，さらに，規則ベースの行為の反復によって技能ベースの行為が獲得されると考える。注意すべきは，熟練した操作者であっても，経験したことがない状況では知識ベースの行為になる点である。

4.6　ヒューマンエラー

ヒューマンエラー（human error）とは，達成しようとした目標から意図しないで逸脱することとなった，期待に反した人間行動である。例えば，ボタンの押し間違い，押し忘れ，あるいはそもそもボタンを押すこと自体が間違っている場合などがある[3]。

ヒューマンエラーは，認知心理学的観点から，**スリップ**（slip），**ラプス**（lapse），**ミステイク**（mistake）に分類することができる。スリップとは，意図した行為は正しいが，実行時に誤った行為をしてしまうエラーである。例えば，ブレーキを踏むつもりがアクセルを踏んでしまった場合が該当する。ラプスとは，意図した行為は正しいが，それを忘れてしまって実行されないエラーである。例えば，メールへのファイル添付忘れがある。さらに，ミステイクとは，行為の意図段階で誤るエラーである。例えば，食後に飲むべき錠剤を飲んだところが，実は それは就寝前に飲む錠剤だった場合が挙げられる（**表4.4**）。

表4.4　ヒューマンエラーの分類

エラー名	行動意図	実際の行動
スリップ	目的に合っている	意図とは異なる
ラプス	目的に合っている（忘れた）	忘れた（行動しない）
ミステイク	目的に合っていない	「目的に合っていない意図」に合致した行動

上記の分類とは別に，**ポストコンプリーションエラー**（post-completion error）という現象も知られている。ポストコンプリーションエラーとは，ユーザが目的を達成した際に，本来はやるべき行為を忘れてしまうエラーであり，ラプスの一種ともいえる。例えば，初期の現金自動預け払い機（ATM）では，お金を引き出すという目的を達成したら，キャッシュカードを持ち帰るという行為を忘れてしまう事態が発生していた。そこで，ATMでは，まずキャッシュカードを取らなければ現金を受け取ることができない仕組みを採用している。つまり，ヒューマンエラーを，インタラクションの手順を変えるというHIの工夫によって防いだのである。

演　習　問　題

4.1　メンタルモデルとは何かを簡潔に述べよ。

4.2　HIの観点からアフォーダンスを簡潔に説明せよ。また，アフォーダンスの身近な例を挙げよ。

4.3　選択項目が64個あるメニューを考える。64項目の単一階層メニューと，各階層に2個の選択肢がある6階層メニューとそれぞれについて，ヒックの法則を用いて選択時間を計算せよ。

4.4　モデルヒューマンプロセッサについて簡潔に説明せよ。

4.5　テキストエディタでのカット&ペースト作業の所要時間を，① ショートカットキーを用いる場合と② 右マウスボタンクリックで表示されるコンテキストメニューを使用する場合それぞれについてキーストロークレベルモデルを用いて予測せよ。対象範囲はすでに選択されており，ペースト先は10行下で，両手はキーボード上にあるものとする。そのほかは必要に応じて仮定すること。

4.6　ヒューマンエラーであるスリップ，ラプス，ミステイクについて，それらの違いを明確にしつつ，それぞれを簡潔に説明せよ。

発　展　課　題

4.1　以下の状況について，ノーマンによる行為の7段階モデルのどの段階でどのような問題が発生していると考えられるか，簡潔に説明せよ。複数の問題が考えられる場合には，すべてを示せ。

- 地下鉄のA駅までの切符を買おうと自動券売機の前に行ったが，何もできず券売機の前で立ち止まっている。

4.2　自身が体験した，あるいは見聞きしたヒューマンエラーについて，エラー内容，エラー要因，およびエラーを防止する策（案で構わない）の3項目を含みつつ，簡潔に述べよ。

引用・参考文献

1）J. Preece, et al.: “Human-Computer Interaction: Concept and Design”, Addison Wesley (1994)*
2）J. J. Gibson: “The Theory of Affordances”, “The Ecological Approach to Visual Perception”, Houghton Mifflin Harcourt (1979)
3）D. A. ノーマン 著（野島久雄 訳）：“誰のためのデザイン？ — 認知科学者のデザイン原論”，新曜社（1990）*
4）D. A. ノーマン 著（伊賀聡一郎ほか 訳）：“複雑さと共に暮らす — デザインの挑戦”，新曜社（2011）
5）菊池安行，山岡俊樹：“GUIデザイン・ガイドブック — 画面設計の実践的アプローチ”，海文堂（1995）
6）中島義明ほか 編：“心理学辞典”，有斐閣（1999）*
7）W. E. Hick: “On the Rate of Gain of Information”, Q. J. of Exp. Psychol., 4, 1, pp.11-26 (1952)
8）S. K. Card, et al.: “The Model Human Processor: An Engineering Model of Human Performance”, Handbook of Perception and Human Performance, 2, pp.1-35 (1986)
9）S. K. Card, et al.: “The Keystroke-Level Model for User Performance Time with Interactive Systems”, Comm. ACM, 23, 7, pp.396-410 (1980)
10）J. R. Anderson 著（林　勇吾 訳）：“認知モデリング — ACT-R理論に基づく心の解明”，共立出版（2021）
11）J. ラスムッセン 著（海保博之ほか 訳）：“インタフェースの認知工学 — 人と機械の知的かかわりの科学”，啓学出版（1990）
12）吉川榮和ほか：“ヒューマンインタフェースの心理と生理”，コロナ社（2006）

*は複数章引用文献

5章

情報の入力

本章では，まずテキスト入力やポインティング操作を行うための入力装置の種類や違い，特徴などを整理する。次に，さまざまな環境におけるテキスト入力方式を整理し，日本語を入力するための機能や，ユーザのテキスト入力を補助する機能について述べる。

本章の目的は，テキストを中心とした情報をコンピュータに入力するためのさまざまな手段を知り，それぞれの特徴を理解することである。

▼ 本章の構成

節・項のタイトル以外のキーワード

- 直接ポインティング，間接ポインティング→5.1.1項
- QWERTY配列，Dvorak配列，タッチタイピング，CPM→5.1.2項
- マルチタップ入力，2タッチ入力，フリック入力，手書き文字入力，音声入力→5.2.1項
- シングルタップ入力，予測変換→5.2.3項

▼ 本章で学べること

- 入力装置の種類と相違，それぞれの装置の特徴
- さまざまな環境におけるテキスト入力の方式とその特徴や注意点
- ユーザのテキスト入力を補助する機能の種類や特徴

5.1 入力装置

ユーザが用いる運動器に基づいて入力装置を分類すると，**表 5.1** に示すようにキーボードやマウスなど上肢を用いるものが多いが，音声入力などほかの運動器を用いたインタフェースも普及しつつある。注視によって画面に表示された文字を選択する，主に障がい者向けの視線入力装置などもある。

表 5.1　入力装置と使用する運動器および入力情報

入力装置の例	使用する運動器	主な入力情報
キーボード	上肢	テキスト
マウス，タッチパッド	上肢	座標，テキスト※
タッチパネル	上肢	座標，テキスト※
カメラ（画像認識）	上肢	座標，テキスト※
	目（視線）	座標
マイクロフォン（音声認識）	口	テキスト

※ 手書き文字認識などによる

入力される情報には，複数の文字で構成されるテキストや，画面上の座標などがある。後者の座標入力は，基本的にはアイコンなどの画面に表示された情報を選択するために使用される場合が多いが，軌跡を用いた図形の入力や，ジェスチャ認識によるコマンド入力，手書き文字認識によるテキスト入力なども可能である。

上記のほかにも，紙に書いた文字を認識するなどの間接的な入力手段があり，主にそのような場面で使用されるスキャナなどの装置もある。また，ユーザによる意図的な操作によらない情報の入力に用いられる装置，例えば心拍数をモニタする赤外線センサや，活動状態の判定に使用される加速度センサ，主に物体の識別に使用されるバーコードや IC タグなどもあるが，本章では意図的な操作を検出する装置を対象に話を進める。

入力装置は，ユーザが意図したとおりのテキストや座標を意図した時間内に入力できるものであることが望まれる。すなわち，正確さと速さが求められる。

さらに，操作に慣れるまでの時間が短いことや，利用場面によっては操作に必要なスペースが小さいことも重要である。これらの要素には，キーボードの配列あるいは特殊文字入力時に必要な追加操作といった操作体系と，形状や大きさ，重さ，操作に必要な力などの物理特性が影響する。そうして，最終的にユーザがその装置を継続的に使用するか否かは，これらのさまざまな要因によって形成されるユーザの満足度に依存する。また，広く社会で使われるためには，コストや耐久性の視点も求められる。

5.1.1 ポインティング装置

画像上の座標を指定するポインティング装置は，**図 5.1**（a）のスマートフォンなどで使用されるタッチパネルのように，ユーザの指やペンの座標と表示画像の座標が一致する**直接ポインティング**方式と，図 5.1（b）のマウスのように操作と表示の座標が一致しない**間接ポインティング**方式がある[1)]。さらに，間接ポインティングには，マウスやノート型コンピュータのタッチパッドのように，デバイスや指先の位置を画面上のポインタ位置に反映（正確には移動量を反映）する方式と，ゲーム機のジョイスティックのように，デバイスの操作量（傾けた角度など）をポインタの移動速度に反映する方式がある。

図 5.1 直接ポインティングと間接ポインティング

直接ポインティングは直感的な操作が容易であるため，装置に不慣れなユーザでもすぐに利用できるという利点がある。他方，画面が手で隠れることや，手の疲労などが課題となりやすい。また，装置の位置検出方式によっては，表示とポインティング位置に微小なずれを生じることがある。

間接ポインティング装置には多くの種類があるが，マウスを例にとると，疲れにくく精度の高いポインティングが容易という長所がある。反面，操作平面と表示平面が異なることから，脳内に両平面の写像関係を形成する必要があるため，操作には慣れが必要である。

ポインティングは表示画面上の座標を指定する行為であるが，ボタンのクリックや，ボタンを押して保持した状態（クリック＆ホールド状態）で移動するドラッグなどと組み合わせることで，GUI 環境では以下のようなさまざまな操作を実現している。

（a）　アイコンやメニュー項目などの対象の指定

（b）　テキストや図形の特定位置の指定

（c）　アイコンなどの移動

（d）　作業対象などの領域の指定

アイコンやメニュー項目は，プログラムやデータの視覚的表示であるため，結果として（a）の指定はコンピュータの挙動を制御する操作になる。（b）は文字どおり対象の中の特定位置を指定する操作である。これらの操作が単純にクリック時の座標を操作に利用しているのに対して，（c）と（d）は移動の開始と終了時の二つの座標を操作に使用している。実際の GUI 環境では，ダブルクリック（タッチパネルではダブルタップ）や，ホールド状態やタッチ状態での移動軌跡を用いたジェスチャも操作に利用される。

さらに，2000 年代以降は複数の指の接触，いわゆるマルチタッチを検出可能なタッチパネルが普及し，拡大や縮小，回転など一指ではできない操作が実現された。

また，画像処理技術の進歩によって 3 次元形状を計測する深度カメラが普及した結果，3 次元空間でのポインティングも 2010 年代後半になって VR や AR を中心に普及しつつある。

GUI 環境の設計においては，2.3.2 項で述べたフィッツの法則が示しているように，ポインティング操作の移動距離が長くなると，あるいは対象が小さくなると，操作時間がより長くなる点に留意が必要である。

5.1.2 テキスト入力装置

文章すなわちテキストを構成する各種文字を入力する装置の代表例であるキーボードには，アルファベットの全種類を1回の打鍵で入力可能なものと，数字など少数のキーで構成されるものがある。前者の代表的なものが英語圏を中心に普及している **QWERTY 配列**キーボードで，後者の代表例がスマートフォン以前に普及していた携帯電話のキーボードである。

図 5.2（a）に示す QWERTY 配列キーボードは原型が 1870 年代に開発され，

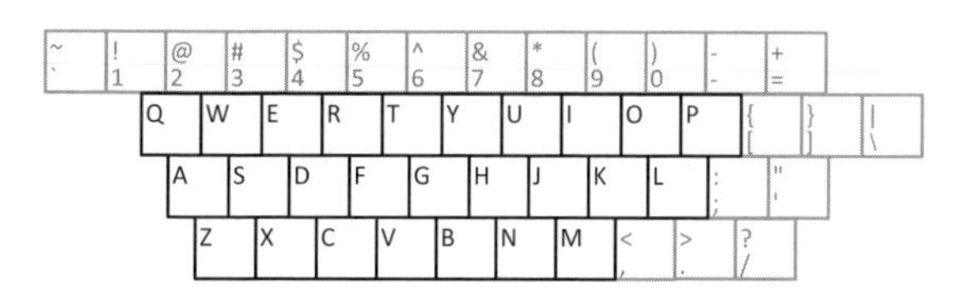

（a） QWERTY 配列

（b） JIS 配列

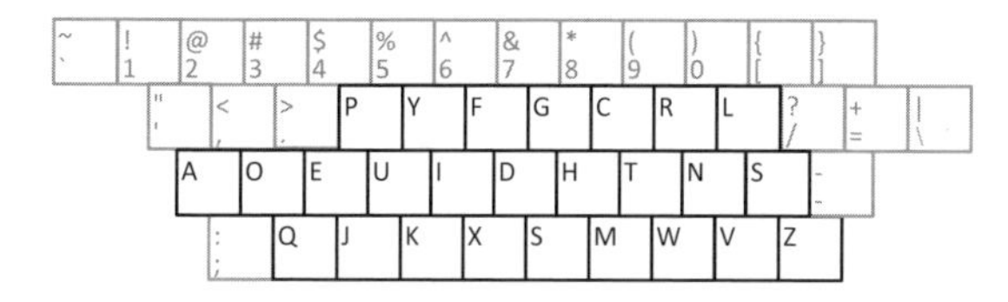

（c） Dvorak 配列

（d） 携帯電話型

図 5.2 各種キーボード

現在では若干の変更を加えられた多様な配列が広い言語圏で用いられている[1),2)]。図5.2(b)の**JIS配列**キーボードも，QWERTY配列をもとにかなキーを定義したものである。キーボードを見ずに両手の全指で入力する**タッチタイピング**が可能な英語圏の平均的なユーザは，300 **CPM**（Characters Per Minute）以上の速度で入力が可能である[1)]。また，テキスト入力速度の表記にはWPM（Words Per Minute）を用いることもあり，便宜上，1単語を5文字としてCPM値から換算する場合が多い。

図5.2（c）の**Dvorak配列**は，より高速な英文入力と疲労軽減を目指して，アルファベットの出現頻度性を分析し1930年代に設計されたものである。Dvorak配列は英文入力において中段のキーの出現頻度が高く，QWERTY配列よりも指の運動距離が短いという優位性を有するが，デファクトスタンダード（事実上の標準）であるQWERTY配列を置き換えるには至っていない。

ほかにも，日本語の「かな」の効率的な入力を目指して富士通が考案した親指シフト配列，初学者向けのABCDE配列などがある。

図5.2（d）の携帯電話型キーボードはアルファベットやかな文字の種類よりキー数が少ないため，平均すると1文字につき複数回の打鍵が必須となる。そのため，5.2節で後述するさまざまな入力方式や入力補助機能が提案されてきた。

キーボード以外のデバイスでテキスト入力に使用されるものの代表例は，スマートフォンやタブレット型端末に実装されているタッチパネルである。タッチパネルに対してもさまざまな入力方式が提案されており，携帯電話型キーボードに対するものと併せて5.2節で述べる。

5.2 テキスト入力

5.2.1 アルファベット・数字・かな文字の入力

テキストの中でも，漢字の入力にはかな漢字変換などの入力を補助するソフトウェアを使用する場合が多いため，まず対象をアルファベットや数字，かな文字の入力に限定して整理する。

アルファベットは26文字であるため，QWERTY配列などのキーボードを使用すれば，基本的には1回の打鍵でそれぞれの文字を入力できる。かな文字の入力には，JIS配列キーボードなどを用いて直接入力する方法と，ローマ字で入力してソフトウェアで変換する方法がある。キーボードは，現在でも入力効率の点では優れたテキスト入力装置であるが，操作にある程度の空間が必要であるため，モバイル環境ではタッチパネルなどほかの装置の利用が一般化している。デバイスと文字の入力方法をまとめたものを**表5.2**に示す。

表5.2　デバイスと文字の入力方法

デバイス	アルファベット・数字・かな文字の入力方法	漢字の入力方法
キーボード（QWERTY配列など）	打鍵（基本的には1回）	かな漢字変換
携帯電話型キーボード	マルチタップ（複数回打鍵）	かな漢字変換
	2タッチ（2回打鍵）	かな漢字変換
タッチパネル（ソフトウェアキーボード）	キーボード打鍵相当動作	かな漢字変換
	マルチタップ・2タッチ	かな漢字変換
	フリック	かな漢字変換
タッチパネル（手書き文字認識）	手書き	かな漢字変換/直接
マイクロフォン（音声認識）	音声	かな漢字変換

マルチタップ入力（multi-tap text entry）は携帯電話型キーボードでの入力方法の一つで，数字キーを複数回押してアルファベットやかな文字を入力する。例えば**図5.3**（a）のように「2」キーを繰り返し押すと，「か」「き」「く」と順に変化する入力方法であり，トグル入力とも呼ばれる。アルファベットも同様の方法で入力する。このほか，最初に1～0のキーを用いて「あかさたなはまやらわ」の子音を選択し，次に1～5を用いて母音を選択する**2タッチ入力**もある。図5.3（b）は「く」の入力例である。2タッチ入力はかな文字固有の方法で，マルチタップ入力よりも1文字あたりの平均打鍵数が少ないため，慣れれば入力効率が高い。また，携帯電話型キーボードはキー数が少なく必然的

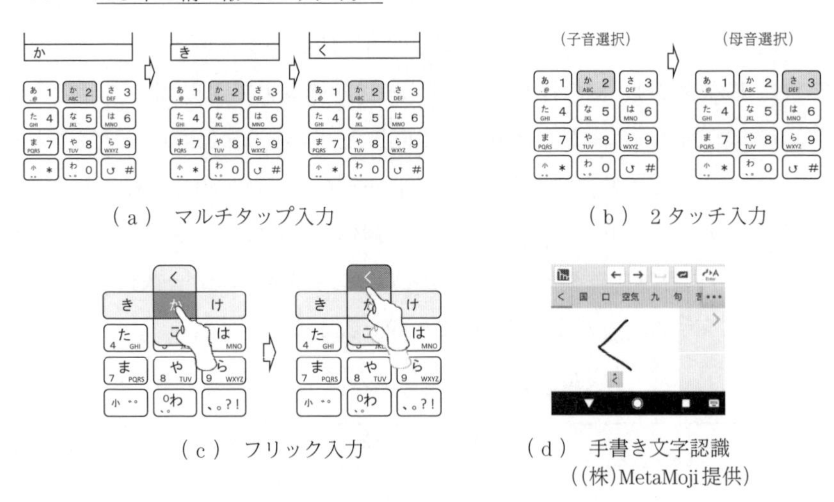

（a）マルチタップ入力　（b）2タッチ入力

（c）フリック入力　（d）手書き文字認識（(株)MetaMoji提供）

図5.3　各テキスト入力方式で「く」を入力する場合の例

に打鍵数が多くなることから，マルチタップ入力の反復打鍵を省略して入力するシングルタップ入力もあるが，入力予測機能を含むため5.2.3項で説明する。

タッチパネルを用いたテキスト入力は，5.1節で述べた各種キーボードをソフトウェアで実現する方法と，軌跡を用いて文字を書く方法に大別される。ソフトウェアキーボードを用いる方法には，QWERTYキーボードやマルチタップ，2タッチなどに加えて，図5.3（c）のようにタッチパネルに触れてスライドさせるフリック動作を用いる**フリック入力**があり，広く普及している。スマートフォンの普及によって，タッチパネルを用いた多様なテキスト入力方式が提案されているが，物理的なキーが持つ触覚を介したフィードバックがないのが課題である。

手書き文字入力は，図5.3（d）のように，文字どおりユーザが指やペンを用いて書いた文字をソフトウェアによって認識させて入力する方法である。ほかの装置と異なり漢字を直接入力できる点や，操作方法を覚える必要がない点が特徴である。文字認識技術には，紙に書かれた文字などの形状を認識するオフライン認識と，書き順などの書字動作に関する情報を用いて認識するオンライン認識があり，タッチパネル環境ではオンライン認識にオフライン認識を併用することも可能である[3]。近年は多数のユーザの文字を機械学習させることで認識精度が向上しているが，誤認識を完全になくすことは困難である。そのため，入力の確認や修正を効率良く行うためのインタフェースを併せて実装することが求められる。また，認識精度を高める目的で，**図5.4**のように，あらかじめ定めた簡易文字を認識させる方法なども提案されている。

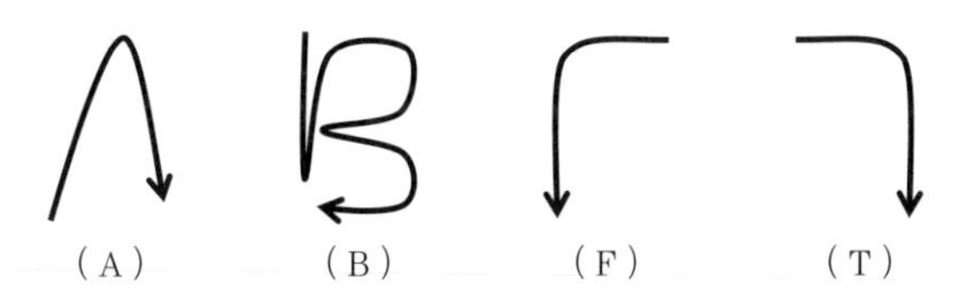

図5.4 簡易文字を用いた手書き文字認識（Graffiti）

音声入力はユーザの発話音声をソフトウェアで認識する入力方法であり，手書き文字認識と同じく操作方法を覚える必要がない点や，初心者でも比較的高速な入力が可能な点が長所である[2]。漢字まじり日本語テキストの入力では，文脈などを利用して同音異義語から適切なものを自動的に選択する機能などが求められる。音声入力の課題は，周囲への漏洩や雑音による誤動作などの環境による制約と，音声以外の入力手段がない環境では，誤認識が生じたときの修正が困難になる点である。

5.2.2 かな漢字変換

手書き文字認識以外の方法で漢字を含む日本語を入力する場合，何らかの手段で読みがなを入力してから漢字やかな，英数字に変換する方法が一般的で，事実上必須である。一般に使用されている日本語入力ソフトウェアは，かな漢字変換だけでなく，部首や画数などから候補漢字を表示して選択するなどの，読みが難しい漢字のための補助的な入力手段も提供している。日本語入力ソフトウェアはインプットメソッド（IM）あるいはインプットメソッドエディタ（IME），さらに古くはフロントエンドプロセッサ（FEP）とも呼ばれ，現在は情報機器を機能させる基本ソフトウェアであるOSの一部として機能する形が一般的である。

初期のかな漢字変換は，**図5.5**のように1文節のみを変換する単文節変換であったが，1980年代になりシステムが文節の切れ目を推定（分かち書き）して複数の文節を一度に変換する連文節変換機能が開発された[2),4)]。その後，文節境界や同音異義語の推定精度が向上し，変換のためのキーを押さなくてもシステムが文節の切れ目を推定して逐次変換していく自動逐次変換機能も実装された。

単文節変換：	ふくすう*ぶんせつの*へんかんです。*	→ 複数文節の変換です。
連文節変換：	ふくすうぶんせつのへんかんです。*	→ 複数文節の変換です。
自動逐次変換：	ふくすうぶんせつのへんかんです。	→ 複数文節の変換です。

*は変換のための打鍵（スペースキーなど）を意味する

図5.5　単文節変換と連文節変換，自動逐次変換での入力例

5.2.3 入 力 予 測

打鍵回数の低減などを目的に，ユーザが省略して入力した文字列や，これから入力しようとしている文字列を，あらかじめ用意した辞書やユーザの入力履歴などに基づいてシステムが予測するものが**入力予測**であり，予測入力とも呼ばれる[4)]。

スマートフォンが普及する以前の携帯電話用の入力予測システムに，**シングルタップ入力**がある。マルチタップ方式では，一つのキーを1回あるいは反復打鍵して目的の文字を指定するが，シングルタップ入力は反復打鍵を省略して入力する。そうすると，画面に該当する候補が表示される。例えば，“dog”はマルチタップでは“36664”と打鍵する必要があるが，“364”と打鍵するとfogなど該当する複数の候補が表示され，その中からユーザが目的のものを選択する方式である。シングルタップは省略された入力を予測して補完する方式であるため，ユーザは省略形での入力に慣れる必要がある。

現在では入力予測は情報機器に広く実装されており，日本では予測結果に基づいてかな漢字変換まで行う**予測変換**が普及している。例えば，**図5.6**のように「きよ」と入力すると，「きよ」で始まる漢字を含む候補が一覧表示される。

（a） スマートフォン（Gboard）

（b） デスクトップコンピュータ（Mozc）

図5.6 予測変換の例

目的とする文字列が候補欄に表示された時点で選択して確定すれば良いため，結果として打鍵回数の低減につながる。入力中の単語の予測だけでなく，その後に出現する単語も予測して候補表示することで，さらに打鍵回数が低減される。予測変換のHIは，文字入力に加えてメニューと同様の候補選択の性格を併せ持つため，場合によっては入力効率が改善しないこともある点に留意する必要がある。

入力予測機能は文章の入力だけでなくプログラミング環境などにも利用されており，コマンド語を入力するとその後に入力すべき引数を表示する機能などが実装されている。

5.2.4 修正支援

入力予測と類似の機能に，間違いの可能性を指摘したり修正候補を提示したりする機能がある。辞書に登録されていない単語を指摘し代替候補を提示するスペルチェック機能が代表例である。さらに，情報機器の記憶容量と処理能力の向上に伴い，助詞の誤用などの文法誤りや，慣用句の誤用を指摘する機能，同音異義語の意味をそれぞれ表示する機能なども実現されている。**図5.7**に動作例を示す。これらの機能は，入力されたテキストの言語データとしての妥当性を辞書などに基づいて判定するものであり，文章の質の改善に加えてユーザの負担軽減にもつながる。

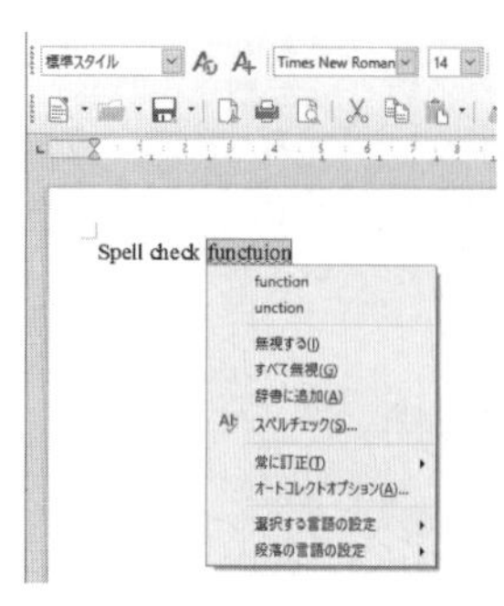

（a） スペルチェック機能
（LibreOffice Writer）

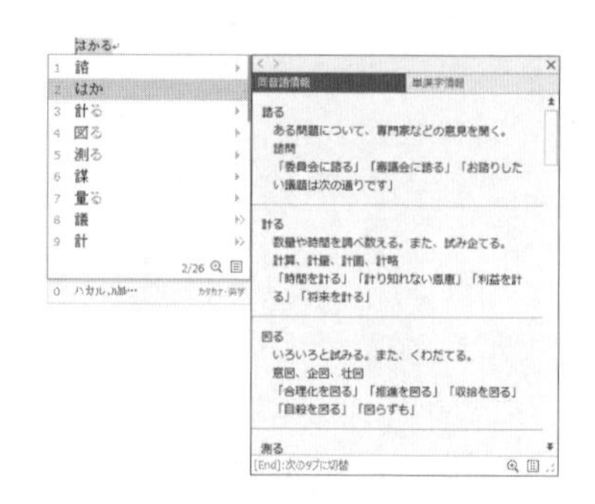

（b） 同音異義語（ATOK）

図 5.7 修正支援機能の例

演 習 問 題

5.1　直接ポインティングと間接ポインティングの違いを簡潔に説明せよ。
5.2　テキスト入力速度を表現するために使用される単位を示せ。
5.3　手書き文字入力や音声入力の HI における課題を述べよ。
5.4　入力予測に基づくユーザ支援システムを二つ挙げ，簡潔に説明せよ。

発 展 課 題

5.1　本章で紹介した方式以外のテキスト入力方式，あるいはユーザのテキスト入力を支援する機能を調査してまとめよ。

引用・参考文献

1）岡田謙一ほか：“ヒューマンコンピュータインタラクション”，オーム社（2002）*
2）田村　博 編，“ヒューマンインタフェース”，オーム社（1998）*
3）朱　碧蘭，中川正樹：“オンライン手書き文字認識の最新動向”，電子情報通信学会誌，95，4，pp.335-340（2012）
4）徳永拓之：“日本語入力を支える技術 ― 変わり続けるコンピュータと言葉の世界”，技術評論社（2012）

*は複数章引用文献

6章

情報の出力とインタラクション

本章では，まず出力装置の種類と人の感覚の関係を整理する。次に，機器と人のインタラクションでやりとりされる情報を確認したうえで，インタラクションスタイルを整理し，元になっている考え方や注意点などを述べる。

本章の目的は，出力装置について理解することと，コマンドラインインタフェース（CLI）やグラフィカルユーザインタフェース（GUI）といったインタラクションスタイルの基礎となる考え方や構成要素，注意点などを理解することである。

▼ 本章の構成

節・項のタイトル以外のキーワード

- マルチモーダル → 6.1 節
- コマンド言語，自然言語，直接操作，ジェスチャ → 6.3.1 項
- アイコン，デスクトップメタファ，WIMP → 6.3.3 項
- スマートスピーカ → 6.3.4 項

▼ 本章で学べること

- 出力装置の種類や人の感覚，提示される情報の関係
- 人と情報機器のインタラクションの種類や，やりとりされる情報
- CLI と GUI の原理的な相違や特徴，留意すべき事項

6.1 出力装置

機器がユーザに情報を伝達する出力装置は，**表 6.1** のように刺激される感覚によって分類できる。人間の感覚には，視覚，聴覚，触覚のほかに嗅覚や味覚，冷温覚などがあるが，制御の困難さなどの理由からアミューズメントなど一部の用途を除くと，まだ研究段階にあるものが多い。

表 6.1　出力装置と刺激される感覚および提示される情報

出力装置の例	刺激される感覚	提示される情報
液晶ディスプレイ，有機 EL ディスプレイ，プロジェクタ，プリンタ	視覚	図形（2 次元・3 次元）/文字（テキスト）
スピーカ，ヘッドホン	聴覚	信号音（非言語）/音声（テキスト）
振動モータ，3D プリンタ，力覚ディスプレイ	触覚，自己受容覚	変化パターン（符号）/3 次元形状

視覚ディスプレイは，電界による液晶の光透過率変化や有機物の発光などの物理法則を用いて多数の画素の発光を個々に制御することによって図形を表示するもので，スマートフォンなどに採用されて広く普及している。2000 年代までは電子線を走査するブラウン管やプラズマ放電を用いた方式も用いられていた。旧式の自動車の速度計などの機械的な表示装置も視覚ディスプレイに含まれる。紙に印刷するプリンタも，時間的に変化する動的な情報は提示できないが，ある種の視覚ディスプレイといえる。平面パネル型のディスプレイだけでなく，プロジェクタなどの投影方式の装置もある。また，レンチキュラーレンズを貼りつけた液晶ディスプレイや，被写体から出る光の波面を再生する装置，さらに**図 6.1**(a) のように多数のプロジェクタを使用するプロジェクション型など，3 次元的な立体視を可能にするデバイスも開発されている。視覚ディスプレイは，2 次元画像や 2 次元平面に投射された 3 次元画像などの図形情報と，文字情報の両者を提示することができる。

聴覚ディスプレイには，スピーカやヘッドホンなどが該当する。両耳に提示

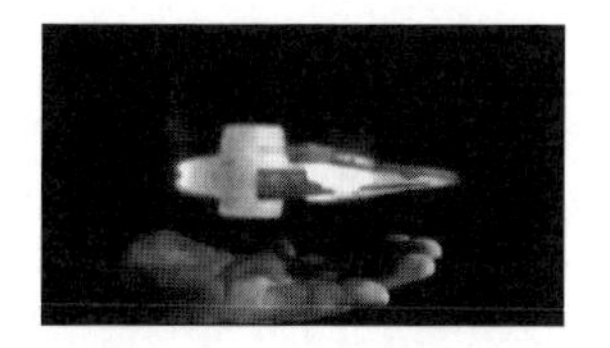

（a） プロジェクション型3次元ディスプレイ（高木康博氏提供）

（b） 3D プリンタ

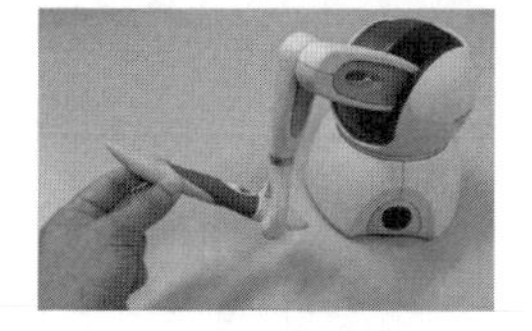

（c） 力覚ディスプレイ

カラー画像はこちら

図 6.1 出力装置の例

する音の大きさや時間差を制御し，さらに伝搬路による波形のひずみなどを制御することで，3 次元的な音源位置や音場を疑似的に表現する技術も開発されている。聴覚は視覚と違って指向性が弱いため，対象に注意を向けていなくても気づきやすいという特徴がある。提示される情報には，警告音などの信号音，すなわち非言語情報と，人と同様の音声，すなわちテキスト情報の 2 種類がある。音声を提示する方法には，あらかじめ録音した音声を再生する方法と，テキストから音声を合成する方式があり，後者は読みに適切なアクセントやリズムを付与する技術が課題となっていたが，音声合成技術の進歩によって性能が向上し，多様な文章に適応可能であることから普及が進みつつある。

スマートフォンなどに実装されている振動モータは，振動を変調して時間的に変化するパターンを提示することで，触覚を介して複数種類の符号化された情報をユーザに伝達することができる。物体形状の表現については，2.2.3 項で述べたように人が物体に触れたときには触覚だけでなく筋や関節にある自己受容覚も刺激されるため，完全な再現は原理的に困難である。他方，樹脂などを用いて立体物を形成する 3D プリンタ（図 6.1（b））は，動的に形状を変化させることはできないが，ユーザが実際に触れて知覚できる形状を生成可能であるため，ある種の 3 次元形状提示装置と考えることができる。このほか，モータを用いてマニュピレータを制御し，バーチャル物体の形状に応じて反力を制御する力覚ディスプレイも開発されており，3次元CADなどの用途で使用されている（図6.1（c））。

また，映像や音，振動など複数の媒体（メディア）を介した情報提示を**マルチメディア**（multimedia）情報提示，これを複数の感覚を介した情報提示と人の側から捉えると**マルチモーダル**（multimodal）な情報提示と呼ぶ[1)]。情報端末が複数種類の出力機能を有するようになった結果，マルチモーダルな情報提示が増えている。これは，情報に気づきやすくしたり，場面に応じた使い分けを可能にすることに加えて，多様なユーザの利用を可能にするユニバーサルデザイン（13章で詳述）の視点からも望ましい。

6.2　インタラクションと入出力情報

ユーザと情報機器のインタラクションは，入力情報の機能に着目すると**図6.2**の二つに分類することができる。一つ目は，図6.2（a）のようにユーザが機器の挙動を制御するための指令（コマンド）を入力する場合である。例えば，コマンド言語を用いたプログラムの起動や，アイコンのドラッグ操作によるファイルの移動などが相当する。コマンド入力の設計においては，覚えやすさや作業効率など多様な視点での検討が求められ，6.3節以降で詳述する。

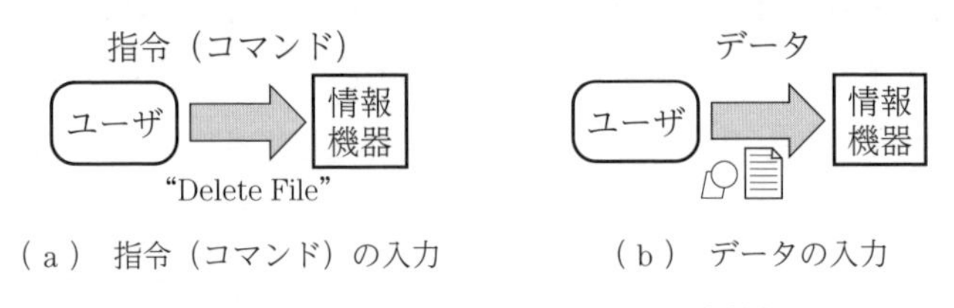

（a）指令（コマンド）の入力　　（b）データの入力

図6.2　インタラクションのための入力情報

二つ目は，図6.2（b）のようにユーザが情報機器に処理させたいデータを入力する場合である。例えば，報告書を書く際のテキストの入力や，アニメーションを作成するための描画などが該当する。データ入力の設計においては，特に作業効率が重要になる。

なお，スマートフォンやネットワーク機器，監視システムのように常時運転する情報機器の普及に伴って，ユーザの意図的な操作によらず情報機器がセンサなどによって自律的に人や環境に関する情報を取得する場面も増えている。広い意味ではこれらの情報も入力に含まれるが，本書では，ユーザによる意図的な入力を対象に，6.3節でインタラクションスタイルを説明する。

出力される情報も同様に，**図6.3**の二つに分類することができる。一つ目は，図6.3（a）のようにユーザの操作に対するフィードバックである。画面をタッチしたときの画面表示の遷移やクリック音などが該当する。フィードバックでは，気づきやすさやわかりやすさが重要になる。8.3.3項で紹介する「シュナイダーマンによる8つの黄金律」も参照されたい。

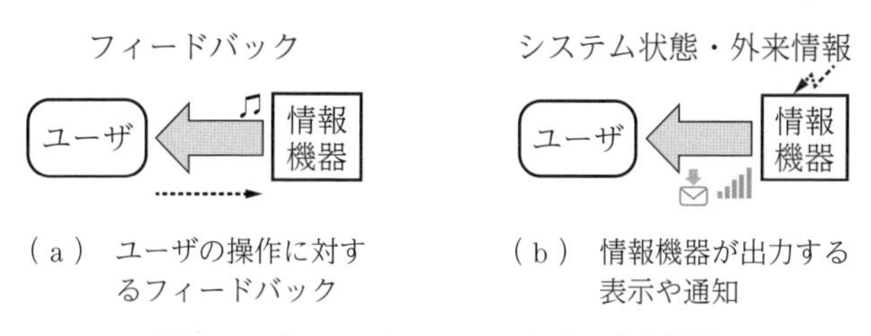

（a） ユーザの操作に対するフィードバック　（b） 情報機器が出力する表示や通知

図6.3 インタラクションのための出力情報

二つ目は，図6.3（b）のようにユーザの操作に基づかずに情報機器が出力する表示や通知である。ネットワークへの接続などシステムの状態によって変化するアイコンや，メール着信を通知するポップアップ表示や着信音などが該当する。インターネットが普及して情報機器の常時運転が常態化し，ユーザの自発的操作に依らない情報が増えた結果，後者の情報出力場面が増加している。そのため，情報のわかりやすさだけでなく，ユーザを過度に邪魔しない配慮も求められる。また，実際に出力される情報には，ユーザの操作をきっかけとした長時間かかる計算機の処理経過の表示のように，両者の中間的な性質を持つものもある。

6.3 インタラクションスタイル

6.3.1 インタラクションのための動作指示

ユーザと情報機器のインタラクション，すなわち対話は，ユーザから情報機器への動作指示（入力）と，情報機器からユーザへの情報提示（出力）によって成立する。ここで，動作指示に着目すると，**表6.2**のように分類することができる。

表6.2　ユーザによる情報機器への主な動作指示方式

指示媒体	指示形式
テキスト	コマンド言語
	自然言語
	選択（メニュー）
音声	コマンド言語
	自然言語
動作（2D/3D）	直接操作
	ジェスチャ
	選択（メニュー）

コマンド言語は情報機器を制御するために設計された人工言語であり，テキスト形式のコマンドを用いてユーザが希望する機器の動作を間接的に指示する方式の HI を**コマンドラインインタフェース**（Command Line Interface, CLI）と呼ぶ。GUI 登場以前のコンピュータは CLI を採用しており，現在もさまざまな環境で利用されている。詳細は 6.3.2 項で説明する。自然言語は，日本語や英語などの人が話す言語である。自然言語を用いたインタラクションには 6.3.4 項で簡単に触れる。これらの方式は，ユーザが能動的に情報機器に対して動作を指示するものであるのに対し，メニューに代表される選択方式は，機器が提示する選択肢の中からユーザが受動的に動作を選択する。

コマンド言語や自然言語は，テキストを介したインタラクションだけでなく，

6.3.4 項で後述する音声インタラクションにも使用される。

直接操作は，表示された対象に対してマウスや指先を用いて望む操作を「直接」行うものである[2)]。直接操作は，多くのコンピュータやスマートフォンが採用している，グラフィック表示された**アイコン**をユーザが操作する**グラフィカルユーザインタフェース**（Graphical User Interface, GUI）の核となっている。GUI は直接操作にほかの動作指示方式を補完的に組み合わせることで成立しており，詳細は 6.3.3 項で述べる。また，近年では，タッチパネル面上での指動作やボタンを押した状態でのマウス動作などのジェスチャを用いた動作指示方式も普及が進んでいる。

以降では，主なインタラクションスタイルの内容と注意点などについて述べる。

6.3.2　コマンドラインインタフェース

CLI 環境では，設定されたコマンド群と単純な文法則で構成される**コマンド言語**を用いて，ユーザが主体的に情報機器に対して望む処理を指示する。例えば「copy xx yy」のように，コマンドに加えて引数を記述することで，操作対象などの動作の詳細を指示することが可能である（**図 6.4**）。

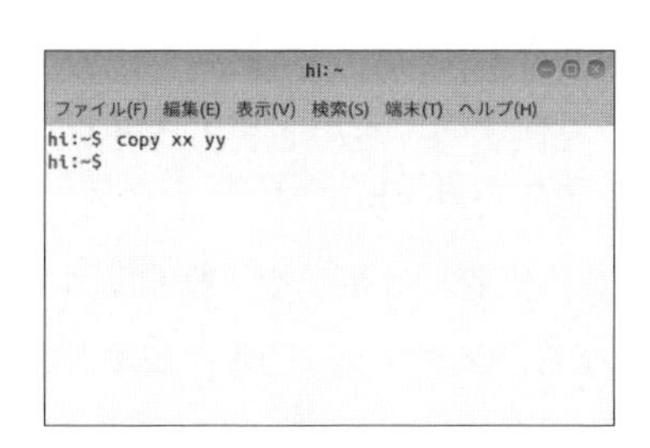

図 6.4　コマンド言語を用いたインタラクションの例

CLI の長所は簡潔に動作を記述可能なことで，熟練すると高い作業効率が得られる。さらに省略形のコマンドやショートカットキーなどを用意することで，一層の効率改善を図ることができる。ワイルドカードなどの機能を使用することで自由度の高い動作の記述が可能であることから，ユーザが自ら制御している感覚を得られる点も長所の一つといえる。さらに，多くのコマンド言語が簡易なプログラミング機能を有するため，複数のコマンドを連結して実行するパイプライン処理や，あらかじめコマンド列を記述し保存しておくバッチ処理を用いることで，ユーザ操作の簡略化や自動化が可能である。

短所は，コマンドや文法を覚える必要があるため習得に時間がかかる点である。また，コマンドや文法の間違いなどの誤操作が生じやすく，個々のコマンドを順に学習していくため機能の全体像の把握に時間がかかる面がある。

以上のように，コマンド言語は学習が必要という短所と引き換えに多くの長所を有することから，GUI が普及した現在も相補的に使い分けられている。コマンドに使用する単語の選定に際しては，機能との対応関係が曖昧にならないように，多義的な単語を避ける必要がある。それと同時に，覚えやすさの点から，多くのユーザが知っている親しみやすい一般的な単語から選定することが望ましく，さらにユーザの知識や文化への配慮も求められる。

6.3.3　グラフィカルユーザインタフェース

GUI の核は，グラフィック表示された**アイコン**を操作して情報機器の動作を制御する直接操作である。GUI は 1 章で紹介したように 1970 年代に登場し，今日ではコンピュータやスマートフォンなどの情報機器で広く使用されている。一般に普及している GUI では，**図 6.5** のように情報機器の内部処理を机上のオフィス文具に対する操作を用いて模擬的に表現する**デスクトップメタファ**[2)]を用いることで，より直接的で直感的な操作を可能にしている。ただし，コンピュータの処理を表現する都合から，実際には机上や一般的なオフィスには存在しないものも使用されている。なお，メタファは隠喩や暗喩と訳され，比喩であることを明示しない比喩を意味する。

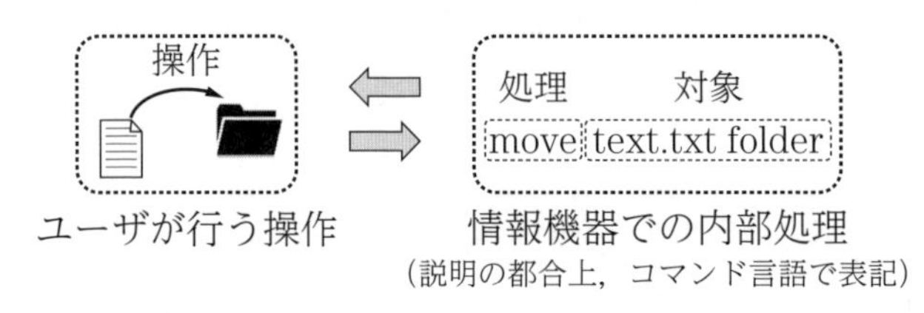

図 6.5　デスクトップメタファを用いたユーザ操作と内部処理の置き換え

GUIの利点は，機能や意味を連想させるアイコンに対して比較的少数の単純な操作を行うことで利用可能であるため，多数のコマンドや文法を記憶する必要がない点である。これは，3.2.1項で述べたように「再認は再現より容易」という人の記憶特性の点からも説明される。

その一方で，アイコンやアイコンに対する操作は，あくまでもデータや処理のメタファであるため，ユーザが連想する対象や処理が実際と一致しない可能性，すなわち設計者が意図したとおりのメンタルモデルがユーザに形成されない可能性に留意する必要がある。さらに，抽象的な処理や概念を直感的に理解可能な図形や操作によって模擬表現することは容易ではない。例えば，プログラムのコンパイルや統計分析をアイコンで表現するのは難しい。また，複雑な処理は一つの直接操作で表現することが難しいため，複数の操作に分割する必要が生じる場合が多い。例えば，ファイルを保存する際には，保存アイコンをクリックした後に，保存場所を指定する必要がある。また，直接操作は対象の選択を画面表示に依存するため，コマンド言語で処理の簡略化や自動化に用いられるパイプライン処理やバッチ処理は，基本的に実現できない。そのため，特に熟練者ではコマンド言語方式より操作効率が劣る場合が多い。

これらの理由から，一般のGUI環境では，アイコンを用いた直接操作だけでなく，コマンド言語やメニューを用いた選択を併用することで機能を補完している。

メニューの長所は，選択肢が示されるためコマンドを記憶する必要がない点と，CLIとGUIいずれの環境でも併用可能な点である。一方で，一度に1項目しか選択できないため，例えばコピー機能を選択したら次にコピー元，コピー先と順に選択するように，複雑な処理では操作の階層化が不可避になる。さらに，多数の機能から希望するものを選択する際には，4.4節で紹介したヒックの法則が示すように，選択肢の数が増えると判断時間がかかるため，これらの要因によって操作時間が増大する可能性に留意する必要がある。

一般的なGUI環境は，ウィンドウ，アイコン，メニュー，ポインタを主な構成要素とするため，これらを総称して**WIMP**と呼ぶことがある[3)]。

近年は，タッチパネル面上での指動作やボタンを押した状態でのマウス動作，

3 次元空間における手や腕の形状や動きになどの**ジェスチャ**も, 主に GUI を拡張する形で普及が進んでいる。**図 6.6** のように, マウスや 3 次元空間での指の往復運動で画面遷移する場合や, タッチパネル画面の下端から上へのスワイプ動作によってホーム画面を表示するような場合は, CLI と同様に, ジェスチャによってコマンドの実行を指示しているといえる。なお, バーチャル空間に表示された物体を手でつかんで移動するような操作は, 文字どおり直接操作に相当する。

（a） マウスジェスチャ

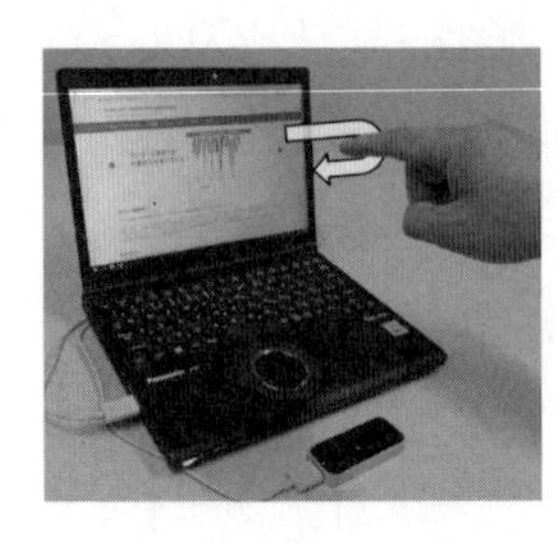

（b） 3 次元ジェスチャ

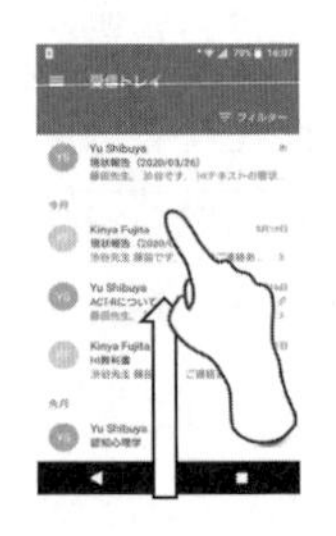

（c） タッチジェスチャ

カラー画像はこちら

図 6.6　マウス，3 次元空間，タッチパネル環境でのジェスチャを用いたコマンド実行指示の例

6.3.4　そのほかのインタラクションスタイル

CLI や GUI 以外のインタラクションスタイルの中から，近年，普及が進んでいる自然言語インタラクションと音声インタラクションに簡単に触れる。

（1） 自然言語インタラクション

人工的に作られたコマンド言語ではなく，ユーザが日常的に使用している**自然言語**を用いて, 望むコンピュータの動作を自由に記述するインタラクションスタイルである [2)]。近年では，大規模言語モデル [4)] の発達によって自然な対話が可能になった結果，チャットボットなどの普及が急速に進んでいる。

自然言語インタラクションの長所は，コマンドや文法を新たに覚える必要がないため，専門的知識を持たないユーザでも利用可能な点である。また，人が日常的に用いる言語であるため，次に挙げる音声インタラクションや 15.5.2 項で紹介する擬人化インタフェースなどとの親和性が高い。

他方，自然言語は人の意思疎通のために自然発生的に生まれたものであるため，単語の意味が多義的，同一の意味を複数の構文で記述可能，などの曖昧性を有している。そのため，コマンド言語よりも複雑な言語処理系が必要になる。加えて，ユーザが望む動作を正確に指示しようとすると，確認や修正のために対話回数が多くなる傾向がある。また，自然言語はコマンド言語と比較して冗長性を有するため，動作指示に必要な文字数が多くなる。そのため，キーボード環境では初心者の利用が困難になる点に注意が必要である。

（2） 音声インタラクション

音声を介してユーザとシステムが対話する音声インタラクションは，音声認識と音声合成によって成立する。音声インタラクション（音声対話とも呼ぶ[5]）は，近年の音声認識・合成技術の進歩に伴って，運転中や外出中，衛生上の問題によりキーボードが使用できない環境を中心に普及しつつある。また，**スマートスピーカ**や**図 6.7** に示す擬人化インタフェースのように，映像出力やキーボードを持たない情報端末も利用され始めている。

図 6.7　擬人化インタフェースを介した音声インタラクション場面の例

音声インタラクションはキーボード操作が不要なため，打鍵に不慣れなユーザも容易に利用できる点が長所となり得る。ただし，初心者は機器の機能や操作体系に対する知識も少ない点に留意して HI を設計する必要がある。音声認識を利用するうえでの HI 上の課題は，誤認識が発生した際の修正である。また，自然言語を用いて動作を指示する場合には，自然言語インタラクションが持つ課題がそのまま適用される。さらに，音声インタラクションを利用可能な場面は社会的要因によって限定されることがある（例えば電車の中では使用できない）点にも留意する必要がある。

これらの違いを踏まえて，インタラクションスタイルは，想定されるユーザや利用場面を考慮して選択するとともに，必要に応じて代替手段を提供することが望ましい。

演　習　問　題

6.1　マルチモーダルな情報提示とはどのようなものか，簡潔に説明せよ。
6.2　CLI と GUI それぞれのインタラクションスタイルを簡潔に説明せよ。
6.3　デスクトップメタファの意味を説明せよ。
6.4　自然言語インタラクションの利点と注意点を簡潔に説明せよ。

発　展　課　題

6.1　視覚，聴覚，触覚のいずれかの感覚を選択し，その感覚を介して情報提示する装置を調査してまとめよ。
6.2　CLI のほうが適していると思われる作業と GUI のほうが適していると思われる作業，それぞれの例を挙げよ。

引用・参考文献

1）岡田謙一ほか：“ヒューマンコンピュータインタラクション”，オーム社，(2002)*
2）J. Preece, et al.: “Human-Computer Interaction: Concept and Design”, Addison Wesley (1994)*
3）H. Sharp, et al.: “Interaction Design: Beyond Human-Computer Interaction (5th ed.)”, Wiley (2019)
4）W. X. Zhao, et al.: “A Survey of Large Language Models”, https://arxiv.org/abs/2303.18223（2024 年 5 月現在）
5）河原達也：“音声対話システムの進化と淘汰 — 歴史と最近の技術動向”，人工知能学会誌，28，1，pp.45-51（2013）

*は複数章引用文献

7章

GUI

前章までは，人間の特性や機器と人間が情報をやりとりする装置について整理したが，本章以降では，HIの設計や実装にあたって考慮すべき事項，その方法などを順に概観する。

本章では，GUIとソフトウェアの関係に触れた後に，GUIを構成する要素であるウィジェットを整理し，その中でも重要なアイコンやメニューの設計における注意点を紹介する。さらに，情報の構造設計や配置，入出力の設計などGUIの全体設計と留意点について述べる。

本章の目的は，GUIを構成する要素を知り，各要素の適切な選択や設計，配置，さらにGUI全体の設計を考えられるようになることである。

▼ 本章の構成

節・項のタイトル以外のキーワード

- ハイパーテキスト → 7.1節
- ウィジェットツールキット → 7.2.1項
- 対象アイコン，状態アイコン，操作アイコン → 7.2.2項
- 可視化，マルチメディア，情報通知 → 7.3.3項

▼ 本章で学べること

- GUIを実現するソフトウェア
- GUIを構成するウィジェットの種類と特徴および注意点
- GUIの全体設計において考慮すべき事項

7.1 GUIとソフトウェア

GUIの概要は6.3.3項で紹介したので，本章ではGUIとソフトウェアの関係に触れた後に，GUIの構成要素や設計する際の注意点などについて述べる。

現在，多くの基本ソフトウェア（Operating System, OS）にウィンドウやアイコンなどの資源を管理するウィンドウシステムが実装され，プログラムの起動やファイル操作などの基本操作にGUIが利用されている。OSの上で動作する各種アプリケーションソフトウェアも，アイコンやメニューが主たる操作方法になっている。さらに，**図7.1**のように，文書作成や作図などの処理やデータ管理をネットワーク経由で行う分散コンピューティング環境が普及した結果，Webブラウザ上でのグラフィカルなインタラクションも多く見られるようになった。すなわち，GUIはさまざまな階層のソフトウェアのインタフェースとして利用されている。

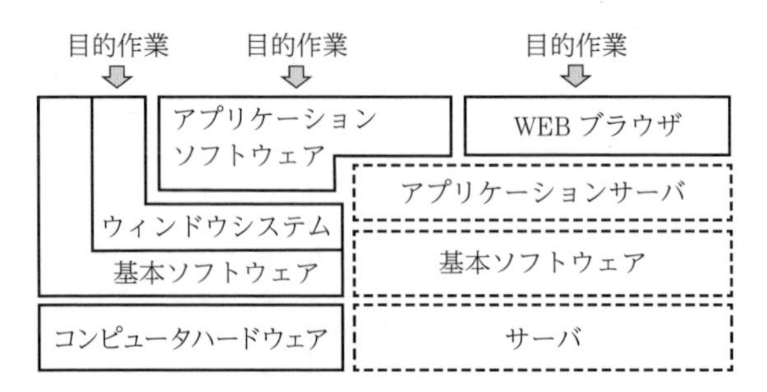

図7.1　GUIとソフトウェア（簡略化して図式化）

GUIはアイコンやメニュー項目ごとに機能が定義されるため，GUIを実現するためのプログラムは基本的にイベント駆動型である。例えば，それぞれのアイコンに対して，クリックされたときの動作を一つ一つ記述していくスタイルになる。したがって，値や属性を持つオブジェクトごとに演算（処理）を記述し，再利用も容易なオブジェクト指向プログラミング言語との親和性が高い[1)]。

さらに，オンラインショッピングのように複数の操作からなる一連の作業は，例えばユーザがいずれかのオブジェクトをクリックすると，関連した機能が起動され，ユーザはさらに次の操作を行うことができる。すなわち，一連の処理は，独立した要素がつながったリンク構造を形成するため，**図 7.2** のようにテキストや画像などのメディアをハイパーリンクによって関連づける**ハイパーテキスト**[2]（ハイパーメディアとも呼ばれる）との親和性が高い。このこともWeb を介した GUI インタラクションの普及の一因となっている。なお，Webコンテンツの記述に使用される **HTML**（Hyper Text Markup Language）はハイパーテキストを記述するための言語の一種である[3]。

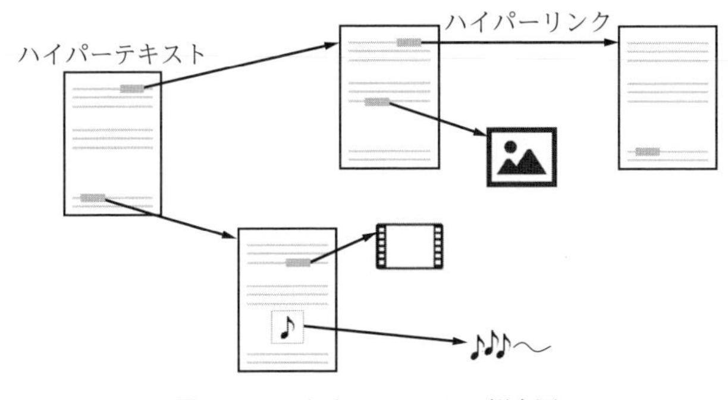

図 7.2 ハイパーテキストの概念図

7.2 GUI の構成要素とその設計

ここでは，GUI を構成する主な要素を整理し，特に重要な要素であるアイコンとメニューの特徴や設計の際に注意すべき点などを述べる。

7.2.1 GUI ウィジェット

ウィンドウやテキストボックスといった GUI のための部品を **GUI ウィジェット**や単にウィジェットあるいはコントロールと呼ぶ。なお，時刻や天気の表示など特定の目的のための小規模なプログラムもウィジェットあるいはデスクトップウィジェットと呼ばれることが多いが，本書では，GUI ウィジェットについて述べる。ウィジェットは，利用目的によって，表示された情報の選択，さまざまな情報の出力，テキスト入力，ウィンドウ（情報コンテナの名称で分類される場合も多い)，移動のためのナビゲーションの5種類に分類することができる。多くの開発環境において，GUIプログラムの開発を容易にすべく，**ウィジェットツールキット**あるいはGUIツールキットと呼ばれるさまざまなウィジェットを集めたものが提供されている[1]。**図7.3**に代表的なウィジェットの種類と例を示す。

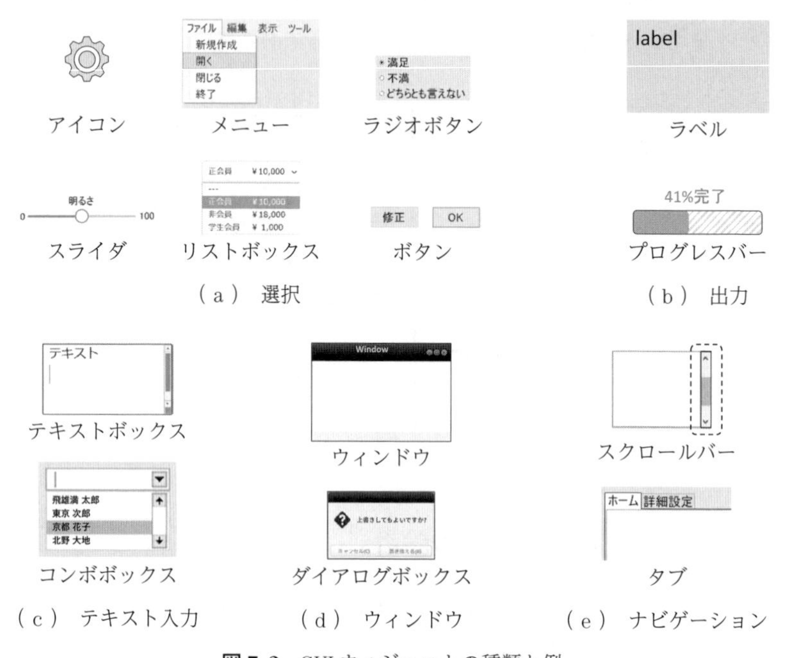

図7.3　GUIウィジェットの種類と例

7.2.2項および7.2.3項では，GUI環境で特に重要な役割を持つアイコンとメニューの設計に関して述べる。

7.2.2　アイコンの設計

アイコンは道路標識などと同様に，それぞれがファイルの保存機能やネットワークの接続状態など特定の意味を持つ。現在のアイコンの多くは，6章で述べたようにオフィス文具に例えたデスクトップメタファを利用しているが，電気器具や道路標識などの従来から広く使用されていた図柄を流用したアイコンもある。アイコンには，画像が言語よりも学習や記憶が容易であることや，画像にはある程度の国際性があるという利点がある。

アイコンは，意味する内容によって**図 7.4** のような 3 種類に分類することができる[4]。

（a）対象アイコン　　（b）状態アイコン

（c）操作アイコン

図 7.4　アイコンの意味的分類と例

対象アイコンは操作の対象，すなわち多くの場合は文書ファイルや画像ファイルなどのデータファイルを意味する。対象アイコンの識別を容易にするためには，その対象が持つ固有の特徴を強調することが望ましい。ただし，アイコンが意味する内容を思い出させる，あるいは連想させることが目的なので，過度に詳細な画像は識別を阻害する可能性がある。また，形状が類似したアイコンが複数ある場合には，テキスト表記を入れるなど，両者の区別が容易になるような配慮も望まれる。

状態アイコンは，新着メールの有無のようにネットワークまで含む広い意味でのシステムの状態を表示する。膨らんだゴミ箱やアイコン色の変化なども該当する。特に，インストールの進捗状況のような見えない情報の表示は，ユーザの不安感を軽減するうえで重要である。ネットワーク状態表示アイコンや音量表示アイコンのように，多くの状態アイコンは次に説明する操作アイコンを兼ねている。

操作アイコンは，データの保存や図形の描画といったユーザが実行可能な操作，すなわちシステムが提供する機能を意味する。移動や削除などの単純な操作は，矢印やずらして重ねた絵などを用いて操作を動きで表現するとわかりやすい。操作そのものを直接的に表現することが難しい場合には，アフォーダンスを利用して物から操作を連想させる手法が有効である。例えば，ゴミ箱は捨てることをアフォードしているので，データの廃棄，すなわち削除を連想させることができる。ただし，一つの物体がアフォードする機能は一つとは限らない点に注意が必要である。例えば，ドアはそこを通って出ることと入ることの両者をアフォードするため，ドアの図だけでは区別がつかない。そのため，多くのアイコンがドアに矢印を組み合わせて機能を表現している。

操作アイコンにおけるアフォーダンスに限らず，図の解釈には曖昧性があるためアイコンは多義的になりやすい。その結果，ユーザのメンタルモデルが設計者の意図どおりに形成されるとは限らない点に注意が必要である。

7.2.3　メニューの設計

メニューは，**図 7.5** のように画面全体を占有するもの，メニューバーのように作業中も画面の一部に常時表示するもの，コンテキストメニューあるいは

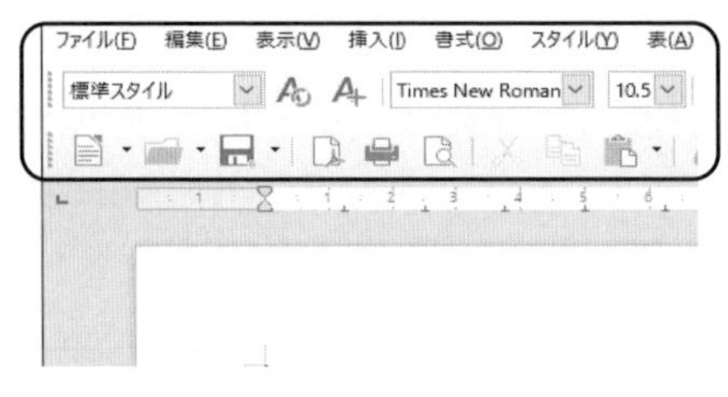

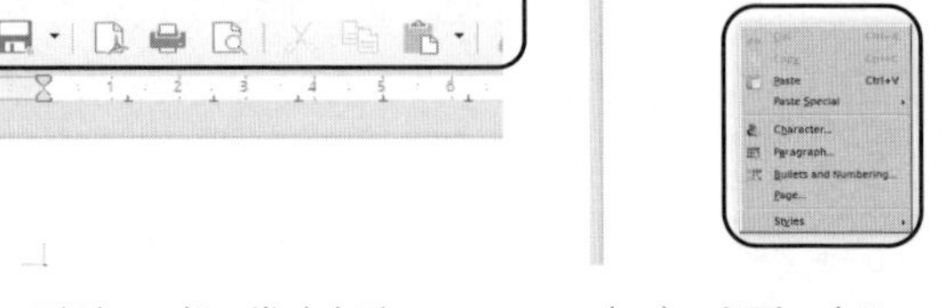

（a）　画面全体を占有　　（b）　画面の一部に常時表示　　（c）　必要に応じて動的に表示

図 7.5　メニューの種類

ポップアップメニューと呼ばれる必要に応じて画面の一部に動的に表示するもの，の3種類に分類することができる[4)]。なお，実際の利用場面では，メニューバーはプルダウンメニューと組み合わされることが多いため，常時表示と動的表示の組合せといえる。

メニューの長所は，コマンドを記憶して再現する必要がない点である。短所は，表示方式にもよるが画面の比較的大きな領域を占有する点である。そのため，想定されるデバイスの画面の大きさや選択肢の数，利用頻度などを考慮して，常時表示や必要に応じた動的表示などを適切に使い分けることが望まれる。

また，ポインティングとクリックによるメニュー操作は，多くの場面で熟練者のコマンド入力より操作時間が長く，メニューが階層化するとさらに増加する。その一方で，4.4節で述べたヒックの法則が示すように，人の判断時間は選択肢数の対数に比例するため，1階層中の選択肢が多くなると判断時間は増加する。また，画面の占有面積も大きくなるため，選択肢の数に応じて適度に階層化することが求められる。

階層化の際には，ユーザが目的とする項目を探しやすいようにメニューの上位カテゴリを適切にまとめることが重要である。さらに，階層を深くしすぎない配慮も必要である。また，選択肢の数を減らして判断や操作の効率を良くするうえでは，ユーザ自身がメニュー項目をカスタマイズ可能にすることや，現在選択できない選択肢の色を薄くして選択できないことを示すなどの方法も有効である。

また，マウスでメニューを操作する際には2.3.2項で述べたフィッツの法則が影響するため，選択範囲があまり狭くならないよう配慮する必要がある。

7.3 GUIの全体設計

7.3.1 画面の領域と配置

GUI環境での画面表示は，**図7.6**のように，ユーザが目的とする作業を行うための作業領域とシステム領域に分類することができる。システム領域には，システムの状態を表示するステータスバーや，機能を選択するためのツール

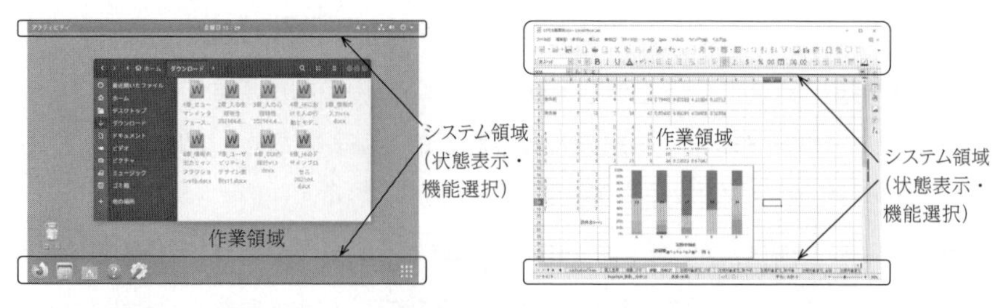

図 7.6　作業領域とシステム領域（基本ソフト，アプリケーションソフト）

バーなどの GUI ウィジェットが配置されることが多い。

画面内での望ましい領域の配置は，目的とする作業が多様であるためそれぞれ異なる。文書や図の作成のような不定形な作業は作業領域を広く確保することが望ましいため，システム領域は占有面積が小さいことが求められる。その一方で，ユーザが望む機能を簡単に呼び出せることや，どこにあるか忘れても簡単に探し出せるようにすることも必要である。特に，頻繁に使用する機能は短時間の操作で呼び出せるように操作体系を設計する必要がある。そのためには，4.5.2 項で述べたキーストロークレベルモデルなどを用いた操作時間の予測と比較が有用である。

情報の選択が主たる作業の場合には，作業領域に出力や選択のための GUI ウィジェットを配置することになる。ここで，3.1.2 項で紹介したように，人は近接したものや類似したもの，閉じた領域を形成するものを群として知覚する特性を持っている。そこで，例えば**図 7.7** のように関連するものを近接させ，それぞれ閉合領域を形成するなどすれば，より自然に群として認知させることが可能になる。

最適な配置や画面分割の比率は，表示するデバイスの画面サイズに大きく影

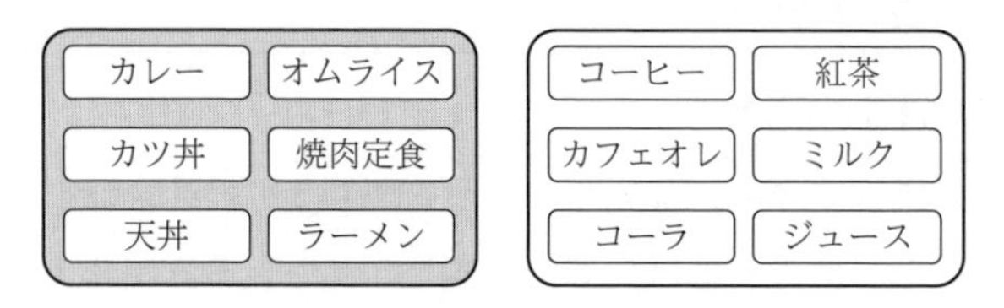

図 7.7　群化の利用の例

響される。そこで，Webブラウザを介したインタラクションでは，PCでアクセスすると画面上部にメニューが表示され，スマートフォンではメニューアイコンのみが表示されるような，表示対象に応じて表示形式を変更する**レスポンシブデザイン**[5)]と呼ばれるデザインの普及が進んでいる。技術的には，表示内容が記述されているHTMLは共通とし，スタイルシートであるCSSを対象に応じて切り替えることで実現される。

7.3.2 作業の分割と遷移

入力すべきデータや表示すべき情報が多く作業が1画面で完了しない場合には，シュナイダーマンが黄金律中で述べているように（8.3.3項参照），作業をいくつかの段階に分割することや，どこまで進んでいるかを表示することが求められる。特に画面が小さいスマートフォンなどの機器では重要になってくる。

主要なナビゲーションウィジェットにはタブやスクロールバーなどがあり，文書の閲覧のように作業が連続的であれば，スクロールによる遷移が自然である。

他方，航空券を予約する際の，検索，選択，情報入力，確認，予約実行のように，作業を複数のサブタスクに分割できる場合には，操作画面を分割して明示的に段階を示すことで，操作の進捗をより明確にすることができる。分割に際しては，ユーザが容易に理解できるよう，意味のある単位で分割することを心がける必要がある。そこで，情報構造の設計に際しては，例えば**図7.8**のように情報の階層構造を可視化[6)]すると，ユーザから見てわかりやすい表示を

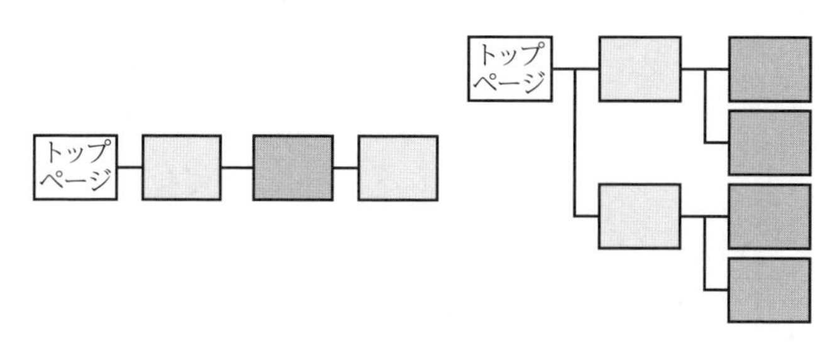

図7.8 情報の階層構造を可視化した例

考えやすい。

作業を複数画面に分割した場合には，リンクやタブを使用して画面遷移することになる。リンクは，明示的に戻るためのリンクを作らない限り遷移前の状態に戻る機能を持たないが，タブは前回と同じものを選択することで戻れるため，遷移が主として一方向の場合にはリンクが，並列な関係の間を頻繁に行き来して順序が一定しない場合にはタブが適している。

7.3.3　情報出力の設計

本項では情報出力に関連するいくつかの事項を紹介するとともに，設計に際しての留意点などを述べる。

（1）　可視化（ビジュアライゼーション）

人間が直接見ることのできない現象や関係性を，画像やグラフなどの形にして見えるようにすることを**可視化**あるいはビジュアライゼーション（visualization）と呼ぶ[7)]。可視化は，自然環境やシステムの状態，人や組織の活動などさまざまなデータに適用される。HI の観点からは，データと利用目的を踏まえて適切な可視化手段を選択することが重要である。以下に，数値や関係を表現する場合の主な可視化手段と特徴を述べる。ビジュアライゼーション手法の詳細については，文献 8）を参照されたい。

- **数　値**　散布図や棒グラフ，折れ線グラフ，円グラフなど，コンピュータが普及する以前から多様な表示手段がある。多次元で多量の情報の可視化には，3D 表示が有効である。さらに，ユーザの操作によって視点移動したり，表示する情報を動的に切り替えるなどのインタラクティブな 3D アニメーションも効果的である。
- **関　係**　ファイルシステムなどの木構造を持った情報には，前出の図 7.8 のようなツリー図が多用される。さらに複雑なグラフ構造を持つデータの出力には，3D 表示やインタラクティブな 3D アニメーションも用いられる。また，特定の用途ではフローチャートやベン図，表なども利用される。

また，可視化は非画像情報の画像情報を用いた符号化，すなわちグラフィカルなコーディングと考えることもできる[6)]。**グラフィカルコーディング**に利用可能な画像情報には，色や大きさ，形状，輝度，線の種類や傾きなど多くの選択肢があるが，それぞれユーザが識別可能な範囲の情報量に留める必要がある。例えば，色は10色を超えると識別が困難になってくる。また，量的な情報の符号化には大きさや線幅などの量的な画像情報を利用すると元の情報の認知が容易になる。複数の情報を一つの画像に集約して符号化する場合，例えば選挙候補者の当選順位や所属政党を似顔絵アイコンとして地図上に表示するようなときには，**図7.9**のようにそれぞれの情報を異なる画像情報に対応づけるとユーザの理解が容易になる。

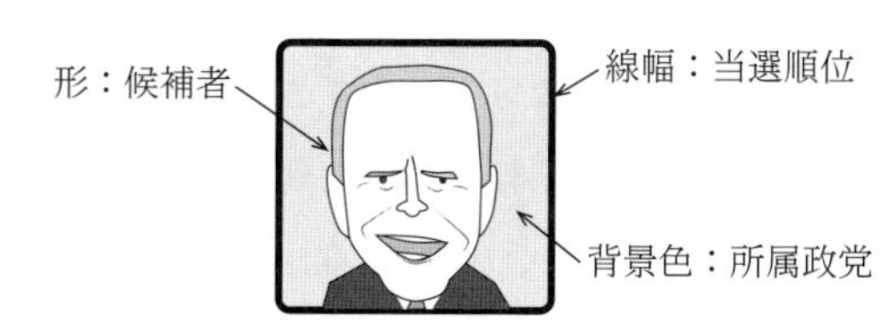

図7.9　グラフィカルコーディングの例

画像とテキストのいずれにおいても，重要な箇所の強調には色や輝度差を用いたコントラストが有効であるが，多用すると識別が困難になるだけでなく，うっとうしい印象を与える点にも注意が必要である。

（2）　マルチメディア情報

テキストや静止画像だけでなく動画像や音声など複数の媒体（メディア）を介した情報の出力，すなわち**マルチメディア**情報の出力に際しては，各感覚の特性の違いを意識してメディアを選択したり組み合わせたりする必要がある。例えば，視覚は情報の一覧性に優れる一方で，特定の情報に注意を向けることも可能であるため，大量の情報を並列に出力する用途に適している。他方，聴覚は時系列情報であるため，一覧性が求められる用途よりも順序関係がある情報の出力に向く。また，ほかの対象に注意を向けていても認識されるため，通知にも適している。

マルチメディア情報の出力に際しては，利用環境や嗜好（しこう）に応じて，各メディアのオンオフをユーザが制御できるようにすることが求められる。さらに，マルチメディア情報の出力設計には，アクセシビリティの視点も重要である。詳細は13.2.3項で述べる。

（3）情報通知

インターネットや小型情報端末の普及に伴い，システムからユーザへの**情報通知**の機会も増えている。通知される情報の発生源には，システム由来と人由来の二つがある[9)]。システム由来の情報には，端末からのシステムエラーの通知や，遠隔地からのアップデート通知などが含まれる。人由来の情報には，アラームなどのユーザ本人に由来するものと，電子メールなどの他人に由来するものがある。

通知の表示方法には以下のように気づきやすさやユーザに対する強制力が異なるさまざまなものがあり，音や振動といった聴覚や触覚情報も併用される。

- **アラート**　ユーザが通知を開く，あるいは閉じるまで表示される。
- **バナー**　画面上に表示され一定時間後に消える。
- **バッジ**　アイコンの隅に小さな丸が追加表示される。

ユーザの作業を不必要に阻害しないように，緊急性の高い通知にはアラートを，低い情報はバナーやバッジを使用するなどの使い分けが求められる。さらに，作業の切れ目で通知するなど，通知タイミングも適切に制御することが望ましい。

7.3.4　情報入力の設計

チケット購入やアンケートへの回答など，ユーザによる情報入力が主体となる場合の画面設計の注意点を述べる。入力の設計に際して考慮すべき点には，誤入力の最小化や，テキスト入力の手間の省略が挙げられる。

生年月日や委員会の出欠確認のように入力すべきデータの範囲があらかじめ制限されている場合には，入力値に制約を加えることで，誤入力の可能性を排除できる。例えば**図 7.10** のように，テキストボックスをラジオボタンやリスト

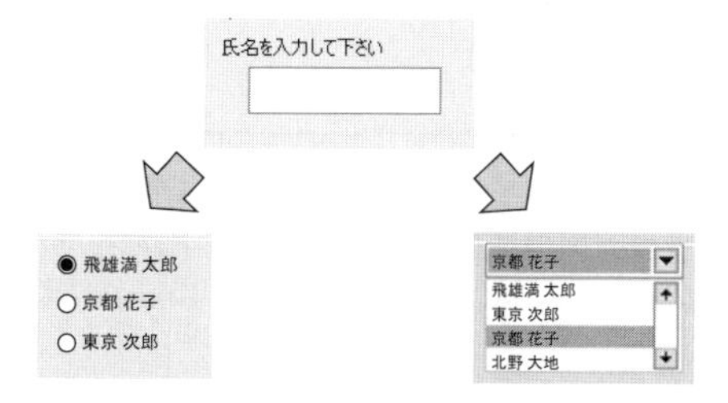

図 7.10　GUI ウィジェットの置き換えによる誤入力の排除

ボックスに置き換えることで範囲外の値が入力される可能性がなくなり，テキスト入力も省略できる。

また，選択肢が完全には限定できないが高い頻度で選ばれる選択肢がある場合には，リストからの選択とテキスト入力のいずれもが可能なコンボボックスの利用が有効である。さらに，デフォルト値を設定するとより効果的である。数値も，範囲が限られていればスライダやリストボックスが利用可能である。これらの例のように，情報入力を情報選択に置き換えることは，ノーマンによるデザインの7原則（8.3.2項参照）の中で述べているタスクの単純化に該当する。

情報選択への置き換えやデフォルト値の設定に加えて，入力欄のそばへの制約の表記や，入力内容が想像できる適切なタイトルをつけることなども重要である。また，入力に際して参照する情報がある場合には入力欄のそばに表示する，あるいはすぐに呼び出せるようにすることが望ましい。

演　習　問　題

7.1　アイコンを意味する内容に応じて3種類に分類し，それぞれの違いと設計に際しての注意点を述べよ。

7.2　メニューを用いた操作の長所と短所を挙げ，設計に際して留意すべき点を列挙せよ。

7.3　GUI 画面におけるシステム領域に求められる特性を列挙せよ。

7.4　画像を用いて非画像情報を表現するグラフィカルコーディングにおいて，留意すべき事項を述べよ。

7.5　情報入力の設計に際して留意すべき点を列挙せよ。

発 展 課 題

7.1 望ましくないGUI画面の設計例，例えばGUIウィジェットの設計や配置，情報の可視化，情報の入力手段などが不適切なGUI環境の例を示し，その改善案を示せ。

引用・参考文献

1) 千葉　滋：“GUIライブラリの仕組み — ソフトウェア設計のケーススタディ”，朝倉書店（2001）
2) テッドネルソン 著（竹内郁雄，斉藤康己 監訳）：“リテラリーマシン — ハイパーテキスト原論”，アスキー出版局（1994）
3) T. Berners-Lee, D. Connolly: “Hypertext Markup Language - 2.0”, Internet Engineering Task Force RFC 1866 (1995)
4) 海保博之，加藤　隆：“人に優しいコンピュータ画面設計 — ユーザ・インタフェース設計への認知心理学的アプローチ”，日経BP（1994）
5) E. Marcotte: “Responsive Web Design”, A Book Apart (2011)
6) J. Preece, et al.: “Human-Computer Interaction: Cocept and Design”, Addison Wesley (1994)*
7) S. K. Card, et al.: “Readings in Information Visualization: Using Vision to Think”, Morgan Kaufmann (1999)
8) C. O. ヴィルカ 著（小林儀匡，瀬戸山雅人 訳）：“データビジュアライゼーションの基礎 — 明確で，魅力的で，説得力のあるデータの見せ方・伝え方”，オライリー・ジャパン（2022）
9) 人工知能学会 編：“情報通知のユーザーインタフェース”，“人工知能学大事典”，共立出版，pp.864-865（2017）

*は複数章引用文献

8章

ユーザビリティとデザイン原則

本章では，まずユーザビリティおよびユーザエクスペリエンスの概念や構成要素を理解する。次に，これまでに提唱されているHIのデザイン原則とその内容，さらに留意すべき事項や具体的な対処例などについて学ぶ。

本章の目的は，ユーザビリティやユーザエクスペリエンスについて理解することと，HIの設計に際して留意すべき基本事項を理解して適用できるようになることである。

▼ 本章の構成

8.1 ユーザビリティ

8.2 ユーザエクスペリエンス

8.3 デザイン原則

8.3.1 HIデザインの原則・ガイドライン

8.3.2 ノーマンによるデザインの7原則

8.3.3 シュナイダーマンによる8つの黄金律

8.4 ユーザ中心設計・人間中心設計

節・項のタイトル以外のキーワード

- 実行のへだたり，評価のへだたり →8.3.2項

▼ 本章で学べること

- ユーザビリティやユーザエクスペリエンスの概念と構成要素
- HIデザインにおいて意識すべき原則とその適用例
- ユーザ中心設計の理念およびデザイン原則との関係

8.1　ユーザビリティ

情報機器に限らず，ユーザが特定のハードウェアやソフトウェアを受け入れる，すなわち継続して使用するか否かは，有用性や互換性，信頼性，価格などさまざまな要素の影響を受ける。なかでもシステムの有用性は，そのシステムがもたらす効用に加えて，使いやすさに強く影響される。例えば，優れた多くの機能を提供していても，使いにくく操作に時間がかかるシステムや，使いにくさからユーザが利用を放棄するようなシステムは明らかに有用ではない。

ニールセンは個人のシステム受容に影響する要素を整理し，使いやすさ，すなわち**ユーザビリティ**（usability）には，初めて使用する際の学習容易性，習熟後の効率，一定期間後に再使用する際の記憶容易性，エラーの起こしにくさや復旧の容易さ，満足度の五つの要素があると述べた[1)]。その後，JIS Z 8521:2020（原典はISO9241-11）では，「特定のユーザが特定の利用状況において，システム，製品又はサービスを利用する際に，効果，効率及び満足を伴って特定の目標を達成する度合い」と再定義された[2)]。

なお，JIS規格における効果は，「ユーザが特定の目標を達成する際の正確性及び完全性」とされている。効率は「達成された結果に関連して費やした資源」とされ，学習容易性や記憶容易性，エラーなども実質的に包含するより広範な定義になっている。

また，ユーザビリティは，ユーザや利用状況によって各要素の重要性が変化する点にも注意が必要である。例えば，熟練ユーザが使用するインタフェースでは，学習容易性や記憶容易性よりも効率が重視される傾向がある。ユーザビリティの評価方法については11章および12章で説明する。

8.2　ユーザエクスペリエンス

ユーザビリティが提唱された後，情報機器が普及して商品購入や動画像の視聴などの私的利用が増加した結果，1章で述べたように，利用時の効果や効率だけでなく，利用の後に生じる感情なども含む多面的で包括的なデザインや評価が必要との問題意識が広がり，**ユーザエクスペリエンス**（User eXperience, **UX**）の語が使用されるようになった。

UXの定義は多様であるが，例えばJIS Z 8530:2019（原典はISO9241-210:2010）では，「製品，システム又はサービスの使用及び/又は使用を想定したことによって生じる個人の知覚及び反応」とされている[3)]。さらに，ユーザの知覚及び反応には，ユーザの感情や信念，嗜好，知覚，身体的・心理的反応や行動が含まれること，UXはブランドイメージや表示，システムの性能やインタラクション支援機能，事前の経験や技能，性格，ユーザの内部状態といったさまざまな要素の影響を受けること，などが注記されている。

UXはユーザビリティと対比する形で論じられることが多く，両者の最も明確な相違は，ユーザビリティはシステムを使用している間の使いやすさや満足度を対象としているのに対し，UXは使用後の感情なども含む点である。さらに，UXは，HIだけでなく提供する情報やサービスの量や質も含めて考える場合が多い。例えばレシピ情報を提供するWebサイトでは，インタフェースデザインだけでなく，提供するレシピの内容や量もUXに影響する要因であり，レシピを使用して調理した料理を食べた後の印象までをUXとみなす場合が一般的である。また，個々のユーザが主観的に感じる経験は，それぞれが持つ嗜好や知識などの特性に影響される，つまりUXはユーザごとに異なる点にも留意する必要がある。

8.3 デザイン原則

8.3.1 HIデザインの原則・ガイドライン

ユーザビリティの優れたシステムを実現するためには，2～4章で述べたような人の心理や生理特性を考慮してHIを設計する必要がある。これら人間の行動特性に関する理論やモデルなどについての知見はHIデザインにおける基礎となる。基礎であるため汎用性は高いが，抽象的な概念と実際のシステムを対応づける必要があるため，設計者には深い理解と洞察が求められる。そこで，HIの設計をより容易にすべく，1980年代から90年代にかけていくつかのHIのデザイン原則が提案された。

HIのデザイン原則は，HIの設計に際して留意すべき数項目から10数項目程度の一般性の高い事項をまとめたものであり，基本的には装置やシステムが異なっても同様に適用可能である。その反面，画面解像度のような対象システムに固有の事項は含まれない。

そこで，デザイン原則を個々の装置やシステムに対して具体化した規約集が，HIデザインガイドラインである。代表的なものに，GUI環境に関する**スミスとモージャーのUI設計ガイドライン**[4]があり，その項目数は数百に及ぶ。近年は，アプリケーション開発者向けにシステムや情報機器の提供企業がガイドラインを公開しており，例えば，スマートフォン用のガイドラインでは，タップ可能領域の大きさがピクセル単位で指定されるなど，極めて具体的に規定されている。必然的に，ほかのシステムへの適用はできず一般性は低くなる。

本節では，ある程度の一般性があり項目数が少ない，デザイン原則についてより詳細に述べる。

8.3.2　ノーマンによるデザインの7原則

代表的なデザイン原則に，**ノーマンによるデザインの7原則**[5]，**ニールセンによる10のユーザビリティ経験則**[6]，**シュナイダーマンによる8つの黄金律**[7]などがある。本項では，ノーマンによるデザインの7原則を紹介するとともに，著者らの解釈を簡単に記す。詳細は原典を参照されたい。

（1）　外界にある知識と頭の中にある知識の両者を利用する

人は，見て得た情報からシステムの使用方法を推測する能力を持つ。また，視覚などの外部情報は記憶を想起するきっかけとなる。これらの推測や記憶想起を支援する情報を比喩的に表現したものが，外界にある知識である。

さらに，多くの場合，与えられた選択肢から正しいものを選ぶだけであれば，完全な知識は必要とされない。したがって，HIの設計においては，ユーザの知識が不完全であっても自らの目標を達成できるように，適切な情報を提供することが望まれる。

（2） 作業の構造を単純化する

人の認知や判断の能力は有限であるため，目標を達成するための作業，すなわちHIの操作は単純であることが望ましい。そのためには，思考や記憶の支援，あるいは直接見えない情報を可視化することで認知負荷を軽減する方法，システムによる作業の自動化などがある。さらに，目標を達成するための作業そのものを抜本的に変更する考え方もある。

例えば，電子メモ機能は記憶を支援することでユーザの認知負荷を軽減する。郵便番号を利用した住所の自動入力機能は，ユーザの操作負荷を軽減する。ただし，過剰な自動化はユーザが意図する操作を妨げる可能性がある点に注意が必要である。

（3） 対象を目に見えるようにして，実行のへだたりと評価のへだたりに橋をかける

4.5.3項で紹介したノーマンによる行為の7段階モデルでは，**図8.1**のように，ユーザは自らが目指すゴールを実現するための行動を意図し，それを詳細化して実行し，その結果として外界に生じた状態変化を知覚して解釈し，ゴールが実現されたか評価する。このとき，目指すゴールと，その実現のために必要な操作の間のずれを**実行のへだたり**と呼び，できるだけ小さいことが望ましい。

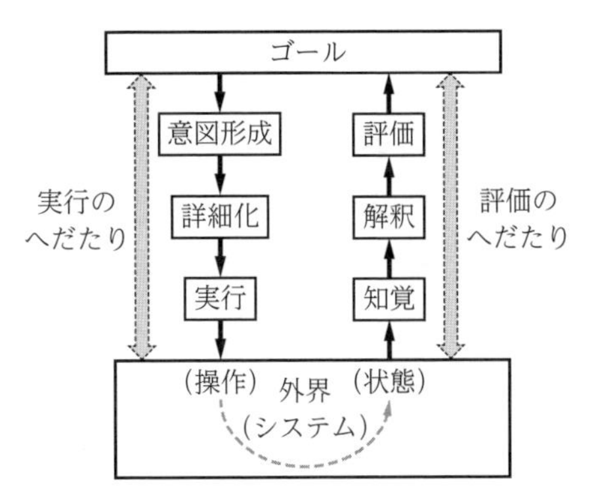

図8.1 実行のへだたりと評価のへだたり

言い換えると，目標達成のために必要な操作を，ユーザが見るだけで容易に想像できることが望ましい。同様に，**評価のへだたり**，すなわちシステムの実際の状態と，ユーザが知覚，解釈して評価した結果の間のずれが小さいことも重要である。

（4）対応づけを正しくする

ユーザが，意図と実行可能な行為，ユーザの行為とシステムにおよぼす影響，システムの内部状態と読み取れる情報，読み取れる情報とユーザの期待や意図，などの対応関係を正しく理解できるようにする必要がある。また，そのためには自然な対応づけを活用すべきである，と述べられている。

例えば，**図 8.2** のように教室の照明のスイッチの配列を実際の照明器具の並びと同じにするなど，空間的な位置関係を利用する方法がある。他方，図柄が不適切なアイコンは，ユーザの行為とシステムの挙動の正しい対応づけを阻害する可能性がある。すなわち，適切な対応づけができていないと，設計者が意図したようなメンタルモデルの形成につながらない点に注意が必要である。

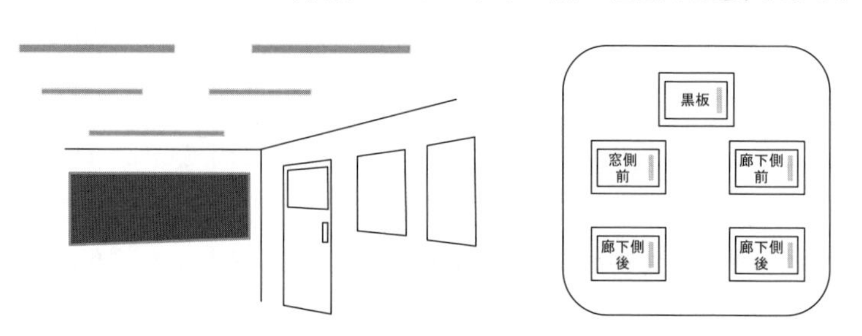

図 8.2　対応づけの例（教室の照明スイッチ）

（5）自然の制約や人工的な制約などの制約の力を活用する

4.2 節で述べたように，日常生活場面にある物はユーザにさまざまな操作をアフォードしている。逆にいえば，アフォードしてない操作は制約されていて行うことができず，ユーザはそのこと認知して適切な操作を行う。

同様にして，場面に応じて実行可能な機能を制約する，あるいは制約されているとユーザに思わせることで，不適切な操作を抑制することが可能になる。さまざまなアプリケーションプログラムで，メニュー項目の一部をグレー表示にして選択できなくしているのは，制約の利用の一つの形態といえる。

（6） エラーに備えたデザインをする

4.6節で述べたように，人間はうっかり行為を間違えるスリップや，最初から間違った行動を取るミステイクなど，さまざまなエラーを起こす。したがって，ユーザの操作によってエラーが発生する可能性があるならば，実際に起こると考えて設計すべきである。具体的には，エラーの発生や状態の認知，エラーからの復旧などを支援する必要がある。また，誤って行った操作を元に戻したり，元に戻せない行為は実行しにくくするなどの配慮も求められる。

（7） 以上のすべてがうまくいかないときには標準化する

どうしても恣意的な対応づけが避けられない場合の対処法に標準化がある。道路標識や単位のように標準化されれば，ユーザは一度対応づけを学ぶだけで，その知識がさまざまな場面で利用可能になる。キーボードの配列をはじめ，HIにも多くの標準化された規格が存在する。

ただし，標準化には時間がかかり，技術の進歩とともに更新を余儀なくされるため，あくまでも最後の手段と考えるべきである。

8.3.3 シュナイダーマンによる8つの黄金律

本項では，シュナイダーマン（B. Shneiderman）による8つの黄金律[7)]とその説明を紹介し，その内容と注意点，問題となる例などを述べる。

（1） 一貫性を持たせる

『類似した状況では一貫した操作になるようにする。また，メッセージやメニュー，ヘルプ画面などで用語，配置，色などを統一する。』

「クリックしてください」「選択してください」のような言葉遣いのばらつきや，確認のためのダイアログBOXの「はい」と「いいえ」の並び順が異なるなど，些細（ささい）な違いが一貫性を損なう場面は多い。設計時に注意するだけでなく，制作や評価など各段階での確認が重要である。また，システム内での一貫性だけでなく，ほかのシステムとの用語や操作体系の共通性にも配慮することが望ましい。

（2）頻繁に使うユーザに近道を用意する

『使用頻度が高いユーザには，省略コマンド，特殊キー，隠しコマンド，マクロ機能など，対話回数を減らすことが可能な仕組みを提供する。』

ショートカット機能は近道の好例であるが，熟練ユーザにとって有益である一方で，非熟練ユーザへの配慮や，忘れたときにも操作に困らないことも意識する必要がある。

（3）有益なフィードバックを提供する

『どのような操作にもフィードバックを提供する。発生頻度が高く重要性が低い場合は簡潔に，発生頻度が低く重要な場合はより具体的にする。』

例えば，商品が出てくるまでに時間がかかる自動販売機で購入ボタンを押したときに，商品が搬送される機械音やランプの点滅など何らかのフィードバックがないと，ユーザは押せなかったと誤解するかもしれない。システムは，操作を受けつけたことを即時にユーザに通知すべきである。

（4）完了感をもたらす対話を設計する

『長く続く操作は何段階かに区切る。各段階の完了フィードバックは，満足感や安心感と，前の段階のことを忘れ次の段階に備えるための合図を与える。』

作業が複雑な場合には，ユーザは自分の位置を見失うおそれがある。このような場合には，**図8.3**の航空券予約サイトのように，作業を何段階かに区切り，どの段階の操作を行っているのか画面上に表示するなどの方法がある。作業段階を画面上部に常に表示しておくことで，ユーザは自分がどの段階の操作を行っているのかだけでなく，完了した操作やこれから行うべき操作を認識できるため，安心して作業を行うことができる。

図8.3　操作の段階表示の例（航空券の予約画面）

（5） エラー処理を簡単にする

『ユーザが致命的な間違いを起こさないようにする。間違えても簡単に修復できるようにする。』

元に戻せない重大な影響のある操作には確認を求めるなど，ユーザのエラーを防止する配慮が望まれる。また，間違えた操作を行った場合にも，該当箇所だけを訂正できるようにしたり，エラーメッセージで具体的な対処方法を示すなどの支援も重要である。

（6） 逆操作を許す

『ユーザの不安を軽減できるよう，単一あるいは一連の操作を元に戻せるようにする。』

図8.4のように，システムの状態を戻すアンドゥ機能は，今日では多くのアプリケーションが有する一般的な機能である。ただし，システムの状態を戻せるようにするためにはバッファ処理が必要であり，開発者から見ると手間がかかる。しかし，ユーザにとって重要な機能である。

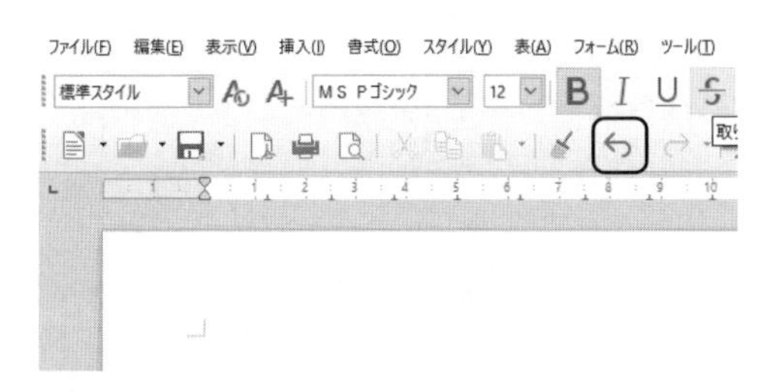

図8.4　アンドゥ機能の例（LibreOffice Writer）

（7） ユーザに支配感を持たせる

『ユーザは自らに支配権がありシステムが従うことを望む。ユーザがシステムに応答するのではなく，ユーザがシステムを支配している感覚を持てるように設計する。』

ユーザから見ると，自身が望む結果をできるだけ簡単な操作で得られるHIが理想的なHIである。逆に，ユーザから見て不要な入力の要求や操作の制限は，システムに支配されている印象を与える可能性がある。例えばオンラインアンケートの場合，回答する順序が固定されているより自由なほうが明らかにユーザにとっては望ましい。

（8） 短期記憶負荷を低減する

『人の短期記憶は有限なので，表示を簡潔にする，複数ページをまとめる，一連の操作に習熟する時間を確保する，などの配慮が必要である。』

例えば，一時パスワードを画像化して電子メールの添付ファイルとして送付した場合，ユーザはパスワードを記憶して入力する必要があるため，短期記憶負荷が増加する。作業や操作に必要な情報は画面上に表示しておく，あるいは簡単な操作でユーザが利用できるようにするなど，一時的に記憶する必要を無くすことが望ましい。なお，3.2.1 項で説明したように，短期記憶は一時的に記憶しておく領域であり長期記憶とは異なる。例えば，CLI 環境における操作コマンドを記憶する必要性はユーザの負担になるが長期記憶に保存されるため，本項目には該当しない。

また，ウィンドウの移動やサイズ変更など本来の作業に関係のない操作にも認知や判断が求められる，すなわち短期記憶負荷を増加させるため，不必要な操作はできるだけ避けることが望ましい。

8.4　ユーザ中心設計・人間中心設計

ユーザ中心設計（User-Centered Design, **UCD**）や**人間中心設計**（Human Centered Design, **HCD**）の概念は，ユーザが何を必要としていて何に興味を持っているかということに基本をおく考え方で，製品を使いやすく理解しやすいものにするという点に重点がある[5)]。すなわち，設計者や製造者の思想や都合ではなく，ユーザの必要性や使い勝手を優先して設計することを意味する。

UCD や HCD を実現するためには，例えばノーマンは，ユーザが何をしたら良いかわかるようにしておくことと，何が起きるのかをユーザがわかるようにしておくことが大切だと述べている。さらに，デザインには，人や外界が備えている特徴を利用すべきであり，そのためには自然な関係や制約を活用すべきと主張している。この考えは，8.3.2 項で紹介したノーマンによるデザインの7 原則のもとになっている。

また，HCD は後に規格化され，JIS Z 8530:2019（原典は ISO9241-210:2010）では，「システムの使用に焦点を当て，人間工学及びユーザビリティの知識と手法とを適用することによって，インタラクティブシステムをより使えるものにすることを目的としたシステムの設計及び開発へのアプローチ」と定義されるとともに，HCD のための要求事項や推奨事項などが整理された[3)]。

一般に，HCD を実現するためには，次章以降で説明するように，対象ユーザやタスクを分析し，その結果に基づいた注意深い設計が求められる。しかし，どのように注意深く設計しても，設計者とユーザの知識や経験，文化などの相違から，両者のメンタルモデルが一致するとは限らない。したがって，評価とその結果に基づく改良のプロセスを繰り返すことが重要である。

演　習　問　題

8.1　JIS 規格に基づき，ユーザビリティの概念を簡潔に説明せよ。
8.2　ユーザエクスペリエンスとユーザビリティの相違を述べよ。
8.3　デザイン原則とデザインガイドラインの違いを述べよ。
8.4　ユーザ中心設計の概念を簡潔に説明せよ。

発　展　課　題

8.1　アプリケーションプログラムあるいは Web サイトを一つ選び，シュナイダーマンの黄金律に反している点がないか確認せよ。8 つの項目ごとに問題の有無を示すとともに，問題があればその理由を説明せよ。
8.2　前の課題で確認したプログラムまたは Web サイトを，ノーマンによるデザインの 7 原則に沿っているか確認せよ。

引用・参考文献

1) ヤコブ・ニールセン 著（篠原稔和，三好かおる 訳）：“ユーザビリティエンジニアリング原論 — ユーザーのためのインタフェースデザイン”，東京電機大学出版局（2002）*
2) “JISZ8521: 2020，人間工学 — 人とシステムとのインタラクション — ユーザビリティの定義及び概念”，日本規格協会（2020）*
3) “JISZ8530: 2021，人間工学 — 人とシステムとのインタラクション — インタラクティブシステムの人間中心設計”，日本規格協会（2021）
4) S. L. Smith, J. N. Mosier: “Guidelines for Designing User Interface Software”, MITRE Corporation (1986)
5) D. A. ノーマン 著（野島久雄 訳）：“誰のためのデザイン？ — 認知科学者のデザイン原論”，新曜社（1990）*
6) J. Nielsen: “Enhancing the Explanatory Power of Usability Heuristics”, Proc. ACM CHI'94, pp.152-158 (1994)
7) B. Shneiderman: “Designing the User Interface: Strategies for Effective Human-Computer Interaction”, Addison-Wesley (1997)

*は複数章引用文献

9章

HIのデザインプロセス

本章では，まず，HIをデザインする際の流れやそのモデルを概観する。次に，HIデザインプロセスの第1段階である要求獲得，具体的にはユーザ分析やタスク分析の方法について述べる。

本章の目的は，HIのデザインプロセスを理解して適用できるようになること，ならびに，デザインにおいて必須となるユーザの特性やタスクの内容を明らかにする技術を身につけることである。

▼ 本章の構成

節・項のタイトル以外のキーワード

- 階層的タスク分析
  →9.2.2項
- 量的データ，質的データ，名義尺度，順序尺度，間隔尺度，比率尺度，アンケート，SD法，リッカート尺度，インタビュー，フォーカスグループ，観察，ホーソン効果，エスノグラフィ
  →9.2.3項

▼ 本章で学べること

- HIデザインプロセスおよびHIデザインプロセスのモデル
- 要求獲得ならびにユーザ分析，タスク分析の概念と方法
- ユーザ分析，タスク分析のためのデータの収集方法や分析方法

9.1　デザインプロセス

近年のHIデザインは，実際のモノとしてのHIに限らず，8.2節で述べたようにHIを介して人が体験するコトも対象とする。モノやコトの開発は何段階かに分けて管理されることが多いため，本書でも，HIデザインを要求獲得，設計，試作/製作，評価の四つの段階に分けて考える。なお，デザインは設計を意味する言葉であるが，設計には要求獲得や評価が必須であるため，ここでは四つの段階すべてをまとめてデザインプロセスと表記する。

要求獲得段階では，次節で述べるユーザ分析およびタスク分析を通して，HIデザインの目的を明確にする。設計段階では，ユーザが抱えている問題の解決やユーザ体験の改善のための，方法や具体的なHIを提案する。そして，設計に従ってモノあるいはコトを試作あるいは製作し，目的を達成できているかどうかを評価する。

HIのデザインプロセスにおいては，特に以下の3点に留意する必要がある。

（1）　常にユーザを中心に考えて各プロセスを実施する。

（2）　要求獲得において，ユーザ，ユーザの特性，ユーザの目的，そしてタスクの内容を明確化する。

（3）　評価の結果を再設計に活かすなど，必要に応じてデザインプロセスを繰り返す。

モデルを用いたデザインプロセスの明確化は，全体像の把握や段階ごとに必要な時間や人的資源の見積り，進捗管理などを容易にする。これまでに，さまざまなデザインプロセスのモデルが提案されているが，本節ではウォータフォールモデルならびに反復型のデザインモデルの二つを紹介する。

9.1.1　ウォータフォールモデル

ソフトウェア開発における開発プロセスモデルの一つである**ウォータフォールモデル**（waterfall model）は，各段階が終了した後に次の段階を開始するモデルである。HIのデザインプロセスにあてはめた例を**図9.1**に示す。ウォー

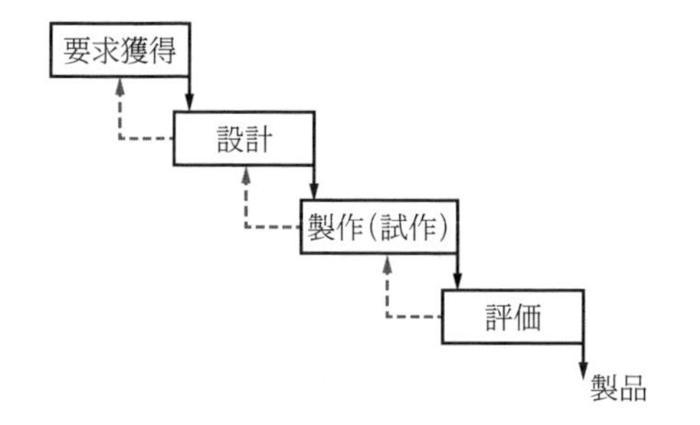

図 9.1　ウォータフォールモデルの例（文献 1）を改変）

タフォールモデルは，実線で示したように段階を一方向にたどるモデルであり，基本的に前の段階に戻ることはない。しかし，実際のデザインプロセスにおいては，破線で示したように前の段階に戻ることが起こり得る。例えば，評価段階で問題が見つかれば，試作や設計のやり直しが生じる。

ウォータフォールモデルは進捗管理を容易にする一方で，盲目的にこのモデルに従うと試作後まで評価が行われないため問題発見が遅れがちになり，結果として開発コストが増大するリスクに留意する必要がある。

9.1.2　反復型のデザインモデル

反復型デザインモデル [2]やスパイラルモデル [3]のように，明示的に各段階を反復する多様なソフトウェア開発モデルが提案されているが，本書では最も単純な反復型のデザインモデル [1]を紹介する。**図 9.2** に示すように，ウォータ

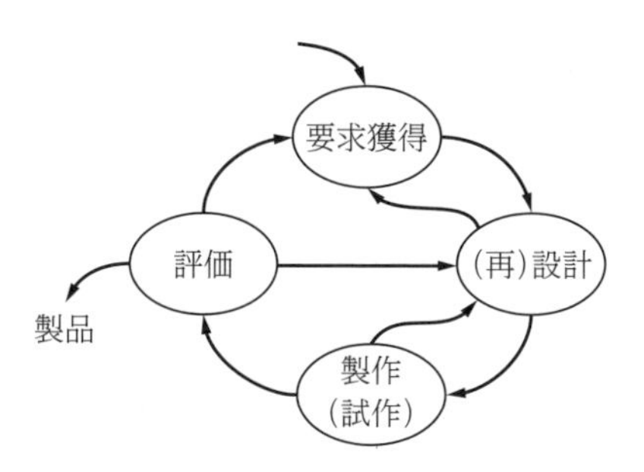

図 9.2　反復型のデザインモデルの例（文献 1）を改変）

フォールモデルと同様に，要求獲得，設計，製作（試作），評価の4段階からなる。このモデルの特徴は，要求が満たされるまで各段階を反復する点である。また，一連の流れを反復するだけでなく，いずれかの段階で問題が発見された場合，例えば設計時に要求獲得の不十分さが見つかった場合などは，必要に応じて問題があった段階に戻ってやり直す。

HIは人が使うものであるため，要求獲得や設計段階では予見できない問題が発生することも多いことから，反復型のデザインモデルとの親和性が高い。反復型開発はHIの完成度を高めるうえで有益である反面，安易な反復は開発コストを増大させるため，適切な評価と再設計によって反復回数を減らすよう努めることも重要である。

9.2 要求獲得

HIデザインにおける要求獲得は，対象となるユーザとその特性を明確にする**ユーザ分析**（user analysis）と，対象ユーザの目的および目的を達成するまでの過程やその問題点を明確にする**タスク分析**（task analysis）からなる[4)]。これらの分析を通して設計するHIの実現目標を明らかにする。

要求獲得に際しては，単にユーザやタスクを特定するだけでなく，想定されるユーザやタスクを網羅的に把握するよう心がける必要がある。

9.2.1 ユーザ分析

ユーザ分析は，目的とするシステムを使用する対象ユーザと，その対象ユーザの身体的・精神的特徴などのユーザ特性を明確にする作業である。

ユーザ特性の例には，年齢，性別，経験（例えば業務経験，コンピュータ利用経験），知識・能力（例えば読解力，会話能力，専門知識），身体的特性，および文化的・民族的背景などがある。さらにHIデザインにおいては，対象ユーザが現在抱えている問題もユーザ特性の一つといえる。

例えば，ユーザ特性として年齢を考慮する際には，高齢者については身体的・

認知的衰えを把握する必要があり，子供については漢字などの読解力を把握する必要がある。知識・能力に着眼した場合には，対象ユーザが専門家であれば専門用語を積極的に使うべきであるし，非専門家であれば平易な用語を使うべきである。身体的特性は，2.3.1 項で述べたように，形状，サイズに加えて，座ったまま手が無理なく届く範囲などの可動範囲も把握する必要がある。さらに，文化的・民族的な違いは，同じ色やジェスチャに対する解釈の違いを生むため，これらの違いを把握することは，対象ユーザに対して適切な HI デザインを行うことにつながる。

なお，ユーザ特性の中でも，現状抱えている問題など，ユーザの外見や行動などからは容易に推測できないことは，9.2.3 項で述べるデータ収集方法を活用して明確にする必要がある。特に，ユーザ自身が問題と思っていなかったり，問題だと気づいてはいるが明確に表現できなかったりする場合には，収集したデータに基づくユーザ分析が有効である。

また，分析対象ユーザは，システムを直接的に利用する者に限定されない。例えば，スーパーの精算機を取り上げると，関係するユーザは，精算を行う客のほかに，レジ担当の店員，さらにはレジから得られる売り上げ情報などを管理し仕入内容などを決定する取引管理者が挙げられる。

9.2.2 タ ス ク 分 析

タスク分析は，タスクの目的，ユーザが現在そのタスクをどのように行っているのか，必要な情報は何か，特別な状況や緊急の事態にどう対処しているかなどを調べることである[5]。

ユーザが目的を達成する過程には，物理的な操作のみではなく，表示の理解（認知）や操作方法の決定（判断）といった認知プロセスも含まれる。そうして，情報を適切に認知し判断するためには，知識が必要である。例えば，どのボタンを押すか，あるいはどこにポインタを置くか判断する場面では，記憶された知識を呼び起こす必要がある[6]。同様に，CLI 環境においてファイルを移動するときは，移動コマンドに関する知識が求められる。さらに，初めて使うシステムでは，持っている知識から操作方法を推測することも必要になる。認知的タスク分析では，これらのタスクの実行に必要な認知や判断，知識や推論などを明らかにする。

物理的な操作手順に重きを置いた分析は，タスクを再帰的に分割することによって行われる。その一つである**階層的タスク分析**（hierarchical task analysis）は，ゴールとサブゴール群からなる階層構造と，操作系列を意味するプランを用いて，タスクの構造を表現する手法である[7]。階層的タスク分析の実施手順を以下に示す。

0)　（分析対象タスクを設定し，後述するデータ収集を実施しておく）

1)　タスクのゴールを設定する

2)　ゴールまたはサブゴールを，複数のより単純なサブゴールに分割する

3)　分割したサブゴールを達成するためのプラン（操作系列）を記述する

4)　分割結果が最も単純な操作に行き着くまで，再帰的に 2) と 3) を繰り返す

図 9.3 に，階層的タスク分析を Web サイト経由での航空券予約に適用した例を示す。紙面の都合上，サブサブゴール以下の階層は，一部を除き省略してある。

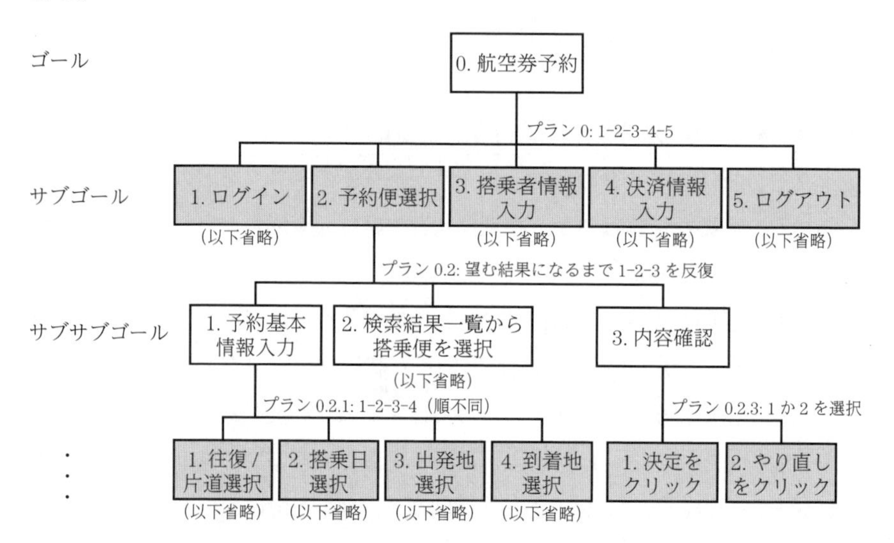

図 9.3　階層的タスク分析を Web サイト経由での航空券予約に適用した例

9.2.3 要求獲得のためのデータ収集

要求獲得すなわちユーザ特性やタスクの詳細を明らかにするためのデータ収集方法として，ユーザ分析を中心に利用されるアンケート，インタビュー，フォーカスグループ，ならびに主にタスク分析で用いられる観察について述べる。

これらの方法によって得られるデータには，利用経験年数のように数値で得られるあるいは容易に数値化できて，算術演算が可能な**量的データ**（quantitative data）と，主に言語で記述されるインタビュー結果や観察結果のような**質的データ**（qualitative data）がある。

また，数値を用いて表記されるデータは，**表9.1**のように**名義尺度**（nominal scale），**順序尺度**（ordinal scale），**間隔尺度**（interval scale），**比率尺度**（ratio scale）に分類することができる[8]。ただし，数値を用いて表現されていても，分類のための名義尺度や値の等間隔性が保障されない順序尺度は量的データに分類されない，言い換えると平均などの算術演算に適さない点に注意する必要がある。

表9.1　尺度の種類

名称	定義	例
名義尺度	分類のためだけに使用。算術演算は不可	電話番号，背番号
順序尺度	順序情報に意味。値の大小比較が可能	モース硬度
間隔尺度	数値の間隔に意味。値の加減算が可能	摂氏温度
比率尺度	数値と数値の比率に意味。値の四則演算が可能	絶対温度

また，要求獲得のためのデータ収集に際しては，それぞれの収集方法の長所と短所を踏まえて，目的に適した方法を選択する必要がある。

（1） アンケート

アンケート（questionnaires）は質問紙調査とも呼ばれる，特定の情報を引き出すための問いの列である。対面に限らずオンラインや郵送でも実施可能であるため，大量の回答を少ない労力で得られる点が長所である。

回答法は，選択式と記述式に分けられる。はい/いいえ，のような二者択一や，複数候補から選択回答する選択方式は，回答や分析が比較的容易である点において優れている。一方，記述式は回答および分析に時間がかかるが，ユーザの内面などの質的情報が得られる可能性がある。

選択方式の一つである**SD法**（Semantic Differential method）は，**図9.4**（a）のように対となる形容詞を両極に配置し，どちらによりあてはまるかを多段階（多くの場合7段階）で回答させる方法である[9)]。**リッカート尺度**（Likert scale）は，複数の同種の質問に対して図9.4（b）のようにSD法と同様に多段階で回答させることによって得られる値である[9)]。リッカート尺度は同種の質問に対する回答を加算して算出するため，より数値としての信頼性が高い値が得られると考えられている。

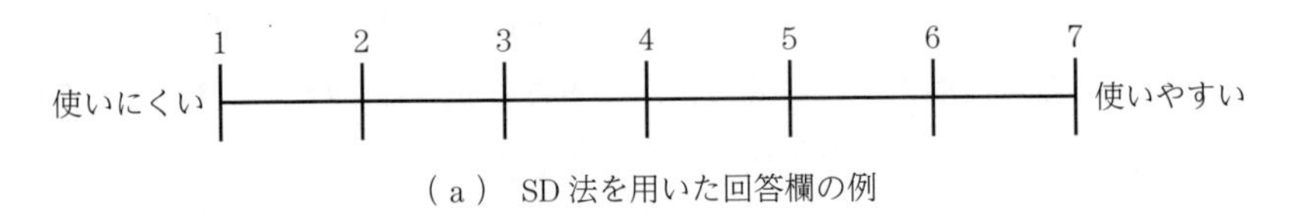

（a） SD法を用いた回答欄の例

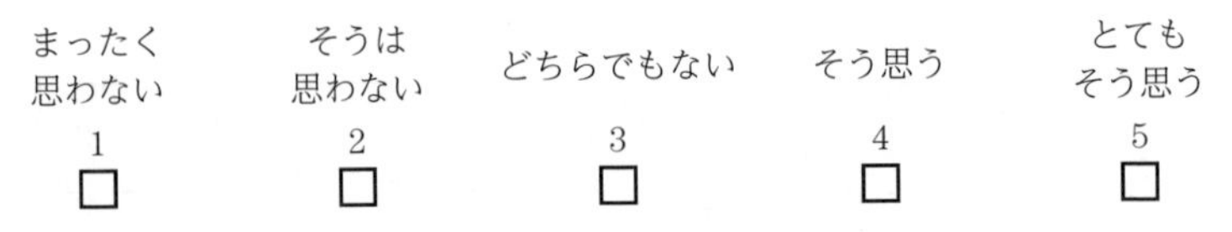

（b） リッカート尺度の構成で使用される回答欄の例

図9.4　SD法を用いた回答欄の例とリッカート尺度の構成で使用される回答欄の例

アンケートを実施する場合の留意点を以下に挙げる。

1）　回答を容易にする（短時間，低負荷）。

- 選択肢を提示するなど，回答者に要求する時間と労力を少なくする。
- 不要な（冗長な）質問はしない。

2）　曖昧性のない質問にする。

- 誤解のない明快な質問にする（質問を説明する機会はない）。
- 尺度（数値が大きいほど評価が高いのか低いのかなど）を明確にする。

3）　非対面の場合は低い回答率を見越した数のアンケートを送付する。

（2） インタビュー

インタビュー（interviews）は，各ユーザに対して対面で（電話なども可）対話的に質問し，回答を得る手法である。インタビューでは対象者からの応答を言語によって得られるため，質的データの収集に重きが置かれる。インタビューには，あらかじめ決めておいた質問項目および質問順序に従って行う構造化インタビューや，質問に対する回答が得られない場合などに事前準備したものではない質問をするなど柔軟性を持たせた半構造化インタビュー，具体的な質問項目は決めずに会話のように進める非構造化インタビューなどがある[9]。

インタビューを実施する場合の留意点を以下に挙げる。

1） 一つの質問では一つのことのみを問う。

- 回答する側は回答しやすい，質問する側は回答を記録しやすい。

2） 質問文は回答者が理解容易なものする。

- 理解できない専門用語があっても回答者が恥ずかしがって質問者に説明を求めない場合がある。

3） 質問文や質問時の態度は中立的なものとする。

- 偏った質問文や態度は正直な回答を得にくくする可能性がある。

（3） フォーカスグループ

フォーカスグループ（focus groups）は，複数の関係者を集めて行うインタビューあるいは討論である。さまざまな観点からの要求を一度に得ることが可能であり，グループメンバー間の一致・対立を明確化することが可能である。他方，一部の（発言力のある）参加者の意見が重要視される可能性があることに留意しなければならない。

なお，インタビューやフォーカスグループによってユーザからより多くの情報を引き出すためには，司会者（インタビュアー）はインタビューに熟練していることが求められる。

（4） 観　　察

観察（observation）は，ユーザにタスクを課して観察する実験的観察も可能であるが，ここではユーザの活動を実際の作業場で観察する自然観察について説明する。観察では，ユーザに対して多少の質問をする場合もある。観察には，観察者が現場で観察する直接的観察と，現場における作業の様子を記録したビデオを用いて分析する間接的観察があり，直接的観察と間接的観察を併用する場合も多い。

観察では，ユーザの言動を文章として書き出していくことが重要な作業である。書き出した文章を活用することによって，タスク分析が可能となる。**図9.5**にユーザ行動を観察した結果として得られた言動の記録の一例（一部分）を示す。観察者が気づいた点が括弧内に書かれている。

（前略）

ユーザ：コンビニ内のATM前に立っている
ユーザ：プリペイドカードを財布から取り出す
ユーザ：ATMを見渡している（カードをどこに入れるか，どこに置くかを探している模様）
ATM：画面には何か宣伝のメッセージが出ている
ユーザ：10秒程度停止しATMを見ている
ユーザ：ATMに「プリペイドカードはここに置いてください」というメッセージを見つける
ユーザ：指定された場所にプリペイドカードを置く
ATM：「電子マネーの手続きを開始します」とメッセージ表示

（後略）

図9.5　ユーザ行動観察の結果としての言動記録の例

書き出した言動を見直すことによって，実際にタスクを実施する際のユーザの内面まで推測することが可能であり，さらには潜在的問題を発見する可能性もある。

自然観察を実施する場合の留意点を以下に挙げる[10]。

1)　観察者の直感や洞察力に依存する手法なので，観察者の能力差が，得られる結果に違いを生じさせる場合がある。

2)　得られるデータが質的であり主観性も高いので，他者を説得する材料として利用が困難な場合がある。

なお，観察者の存在あるいは観察されているという事実は，ユーザの言動を本来のものとは異なるものにしてしまう場合がある。例えば，アメリカのホーソン工場では生産性の悪さの原因を調査するために観察を行ったが，観察された労働者が積極的になってしまい（**ホーソン効果**（Hawthorne effect）と呼ばれる)，生産性の問題を観察することができなかった。

観察には，できるだけ普段どおりのユーザの様子を観察するために，観察者が対象組織や社会の一員とみなされるまで長期にわたって活動をともにしたのちに観察する**エスノグラフィ**（ethnography）という手法がある。これは，実態調査に向いているが，対象の組織や社会の一員とみなされるまでに，膨大な時間を要する場合がある。

また，一般に観察は長時間を要するため，作業マニュアルや作業日誌を利用して，ユーザが行うべき作業内容や実際に行った作業内容，作業結果などの情報を利用することもある。ユーザの参加を必要としないため観察に比べて実施は容易であるが，あくまでも主体は観察であり，その補完手段であることを忘れてはならない。

なお，ここまで述べたデータ収集方法は，組み合わせて用いられる場合が多い。各データ収集方法の主な用途と得られるデータの種類をまとめたものを**表9.2**に示す。

表9.2　要求獲得におけるデータ収集方法の比較（文献9）を改変）

種類	主な用途	主なデータ種類
アンケート	特定の問いに対する回答を得る	量的・質的
インタビュー	問題点を見つける	質的（一部量的）
フォーカスグループ	さまざまな観点からの要求を獲得する	
観察	ユーザ活動の文脈を理解する	質的

9.2.4　収集データの分析

量的データの分析では，単純な算術平均や標準偏差などに加えて，回帰分析を用いた複数の値の関連性の分析や主成分分析を用いた複数の変数に共通する要因の抽出，クラスタ分析による分類など，さまざまな目的に対して多様な統計的手法を適用することができる。分析手法の詳細については，文献8）などを参照されたい。

質的データの分析には，重要事項の特定，データの分類，および問題分析の三つの基本的なアプローチがある[9)]（重要事項の特定と問題分析は，文献9）ではテーマの特定およびクリティカル・インシデントの分析と表記）。

重要事項の特定では，データに共通するパターンや特徴を見出し，そこから全体像や本質を描きだす。特定される事項は，行動，ユーザグループ，出来事やその場所や状況など多岐にわたる。例えば，鉄道旅行のウェブサイトについての自由記述アンケートから，出発駅と目的駅だけでなく途中停車駅を表示すべきとの改善点が発見される場合などが該当する。

データの分類は，質的データをいくつかのカテゴリーに分類することで，データの構造を理解しやすくし，パターンや関係性の発見を容易にする。例えば，ユーザの言動をユーザビリティに関する問題に基づいて分類すると，頻繁に発生する問題の特定が容易になる。さらに，それぞれの問題間での発生数の比較やユーザ間での問題数の比較などの，定量的な比較も可能になる。

問題分析は，最初に問題部分を特定して問題部分のみを詳細に分析することで，分析に要する時間を短縮できる可能性が高くなる。例えば，ユーザがシステムを操作している途中で沈黙したり困惑の表情を浮かべるなど明らかに立ち往生している場合は，そのときに問題が生じている可能性があるため，問題の深刻度に応じてさらに詳細に調査する。

このほか，質的データの分析手法には，グラウンデッド・セオリー・アプローチ（Grounded Theory Approach, GTA）などもある。GTAは，ユーザの言動データの中にある現象がどのようなメカニズムで生じているかを説明する手法として捉えられている。詳細は文献11）などを参照されたい。

演　習　問　題

9.1　ウォータフォールモデルと反復型のデザインモデルの違いを簡潔に説明せよ。

9.2　タスク分析によって明確化する事項は何か，列挙せよ。

9.3　アンケートとインタビュー，フォーカスグループの違いを，主な用途と得られるデータ種類の点から簡潔に述べよ。

9.4　自然観察の実施に際して留意すべき事項を簡潔に述べよ。

発展課題

9.1　新たなカーナビゲーションシステムを開発することを想定し，ユーザ分析のためのアンケートを作成せよ。作成後には，他者に見せて，回答が容易で質問に曖昧性がないことを確認せよ。

9.2　仮の利用目的を設定して，スマートフォンを所有する友人・知人に地図アプリケーションのナビゲーション機能を使用させ，その言動を観察してタスク分析を行え。

引用・参考文献

1) H. Sharp, et al.: "Interaction Design: Beyond Human-Computer Interaction", Wiley (2001)*

2) S. Gossain, B. Anderson: "An Iterative-Design Model for Reusable Object-Oriented Software", ACM SIGPLAN Notices, 25, 10, pp.12-27 (1990)

3) B. W. Boehm: "A Spiral Model of Software Development and Enhancement", IEEE Comput., 21, 5, pp.61-72 (1988)

4) 田村　博 編："ヒューマンインタフェース"，オーム社（1998）*

5) ヤコブニールセン 著（篠原稔和，三好かおる 訳）："ユーザビリティエンジニアリング原論 — ユーザーのためのインタフェースデザイン"，東京電機大学出版局（2002）*

6) J. Preece, et al.: "Human-Computer Interaction: Concept and Design", Addison Wesley (1994)*

7) A. Shepherd: "Hierarchical Task Analysis", CRC Press (2000)

8) 栗原伸一："入門統計学 — 検定から多変量解析・実験計画法まで"，オーム社（2011）*

9) H. Sharp, et al.: "Interaction Design: Beyond Human-Computer Interaction, (5th ed.)", Wiley (2019)*

10) 黒須正明ほか："ユーザ工学入門 — 使い勝手を考える・ISO13407への具体的アプローチ"，共立出版（1999）

11) 戈木クレイグヒル滋子："グラウンデッド・セオリー・アプローチ 改訂版 — 理論を生みだすまで"，新曜社（2016）

*は複数章引用文献

10章

モデル化とプロトタイピング

本章では，要求獲得によって得られたユーザやタスクをモデル化する手法について述べる。さらに，設計に際して留意すべき事項を整理した後，プロトタイピングの方法を紹介する。

本章の目的は，ユーザとタスクを適切にモデル化し，さまざまな留意点を意識しながらHIを設計する習慣を身につけること，さらに，目的や段階に応じて適切なプロトタイピング手法を活用できるようになることである。

▼ 本章の構成

節・項のタイトル以外のキーワード

- プロトタイプ → 10.3節
- ノーコード開発，ローコード開発 → 10.3.4項

▼ 本章で学べること

- ユーザをモデル化するペルソナ，タスクをモデル化するシナリオやストーリーボード，カスタマージャーニーマップの概念とその方法
- 情報の構造や操作の体系，要素の選択と配置などの，設計時に考慮すべき事項
- ペーパープロトタイプ，モックアップ，ビデオプロトタイプ，ソフトウェアプロトタイプなどのプロトタイピング手法の概要とその適用例

10.1 ユーザとタスクのモデル化

モデル化（modeling）とは，対象の単純化，省略，あるいは近似と考えることができる。HI でモデル化の対象となるのはユーザあるいはユーザのタスクである。ユーザとタスクはいずれも多様であり，個々の対象について HI を設計することは現実的ではない。そこで，ユーザおよびタスクの多様性を切り落として集約，あるいは単純化したモデルを用いることによって，HI のあるべき姿を表現可能とする。また，モデルを用いることによって，HI を用いたインタラクションの表現や理解をより容易にすることができる。

このモデル化は，9.2 節で述べたユーザ分析およびタスク分析による要求獲得の結果を表現する場合にも用いられる。

以下, 10.1.1 項～ 10.1.4 項では, ユーザのモデルとしてのペルソナ , タスクのモデルとしてのシナリオ，ストーリーボード，およびカスタマージャーニーマップについて述べる。

10.1.1 ペ ル ソ ナ

ペルソナ（persona）とは開発する HI の対象ユーザ群に共通する特性を持つ架空の人物をあたかも存在するかのように描写したものである[1), 2)]。ペルソナを作成した例の一つとして履歴書を想定すると良い。その人物の氏名, 性別, 生年月日 (年齢), 写真あるいは似顔絵, 住所, 学歴, 職歴を記述した用紙はペルソナの作成例と考えられる。さらに，ペルソナとしては，技能レベル，価値観，嗜好などの内面的情報を記載する必要がある。**図 10.1** にペルソナの一例を示す。

ペルソナを作成することによって, HI 開発者が対象ユーザを具体的にイメージすることが容易になり，さらに，開発者間で対象ユーザの具体的特性についての共通認識を持つことができる。また，10.1.2 項で述べるシナリオ，10.1.3 項で述べるストーリーボード，さらには 10.1.4 項で述べるカスタマージャーニーマップと組み合わせることにより，HI をユーザが使用する際の経験を表現することが可能となる。

氏名：山田 太郎（やまだ　たろう）
性別：男性
年齢：25歳
住所：京都市左京区松ヶ崎
　　　(地下鉄M駅から徒歩10分の
　　　1ルームマンションに一人暮らし)
職業：システムエンジニア（SE，3年目）
年収：約450万円
趣味：サイクリング，スイミング（運動が好き）
近況：SEの仕事にも少し慣れてきたが，自身の技能不足を感じてもいる。
　　　特に有能な後輩が入ってきて，最近焦っている。
　　　情報処理技術者としての高度な資格を取って，
　　　技能向上にも繋げたいと思っている。

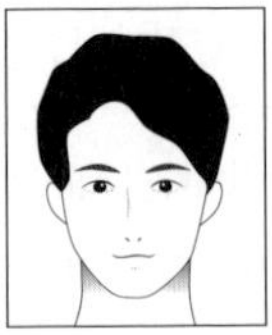

図10.1　ペルソナの例

なお，ペルソナは，勝手な想像で作成するのではなく，実際の対象ユーザ群に対するユーザ分析に基づいて作成する必要がある。なぜならば，ユーザ群と開発するHIとを結びつける必要があるからである。さらには，開発するHIにとって都合の良いペルソナを作成することは避けなければならないからである。また，重要なのは，対象ユーザ群を代表する象徴的架空の人物を設定することである。

10.1.2　シ　ナ　リ　オ

シナリオ（scenario）とは，ユーザとシステム，あるいはシステムを介したユーザ間のインタラクションの記述である[2)]。テキストで記述する場合が多いが，図や写真を併用する場合もある。ユーザとシステムの場合，ユーザの行為・発言，システムの応答，その応答に対するユーザの解釈・反応を時系列で記述したものになる。**図10.2**には，シナリオの一例として，飲み物の自動販売機で緑茶を買う場合を示す。

ユーザ：　　目的の緑茶があるか？売り切れていないか？を確認する。
ユーザ：　　値段を確認して，お金を投入する。
自動販売機：投入金額が緑茶の販売価格以上になったら購入ボタンを点灯させる。
ユーザ：　　点灯した購入ボタンを押す。
自動販売機：該当する緑茶を排出口に投下する。
自動販売機：おつりがある場合は返却口に投下する。
ユーザ：　　緑茶とおつりを手に入れる。

図10.2　シナリオの例

なお，既存システムがあれば，観察などで得た実際のユーザの言動やシステムの動作に基づいてシナリオを作成することが可能である。ただし，従来にない新たなシステムを開発する場合などは，実ユーザの言動やシステムの動作を観察することは不可能であるから，この場合は，開発者がユーザの言動やシステムの動作を予測しシナリオを記述する。

シナリオによって，対象ユーザとシステム，システムを介したユーザ間の具体的インタラクションを把握することができる。また，このようなインタラクションを開発者間で共有することが可能である。さらに，前述のペルソナと組み合わせるとユーザの経験を表現可能である。

10.1.3　ストーリーボード

ストーリーボード（storyboard）とは，ユーザとシステム，あるいはシステムを介したユーザ間のインタラクションを図的に表現し，時系列に並べたものである[2)]。すなわち，シナリオを図的に表現したものである。図には写実性は要求されず単純なもので構わないが，他者がそのストーリーボードで語られているインタラクションを理解しやすいものにしなければならない。

ストーリーボードは原則として以下の三つの要素によって構成される。

（1）　シナリオ

インタラクション，すなわちユーザの言動やシステムの応答などの，やりとりを記述したシナリオをベースにストーリーボードを作成する。

（2）　インタラクションの視覚的表現

時系列で起こる各インタラクションをそれぞれ1枚の図で表現する。手書きの図でも，写真でも構わない。ユーザの発話や思考を吹き出しに書いたり，ディスプレイの表示内容を描いたりしても構わない。肝要なのはストーリーボードを見た人にインタラクションの内容を伝えることである。

（3）　図に対するキャプション

各インタラクションの図にキャプションをつける。キャプションには，ユーザの行動・感情，周囲の環境・使用デバイスなどを含める場合もある。

なお，ストーリーボードの主たる利用目的は，他者に迅速に出来事やユーザ体験を理解してもらうことである。したがって，形式にこだわりすぎず，簡易的に描いたものでも構わない。ストーリーボードの一例として，あるユーザがスーパーのセミセルフレジの精算機を利用する場合を**図 10.3** に示す。この図は，インタラクションの描画と，その描画に対する説明文，およびユーザの内的発話で構成されている簡易なものであるが，スーパーにおいてセミセルフレジの精算機を利用するユーザの体験を伝えるには十分な内容である。

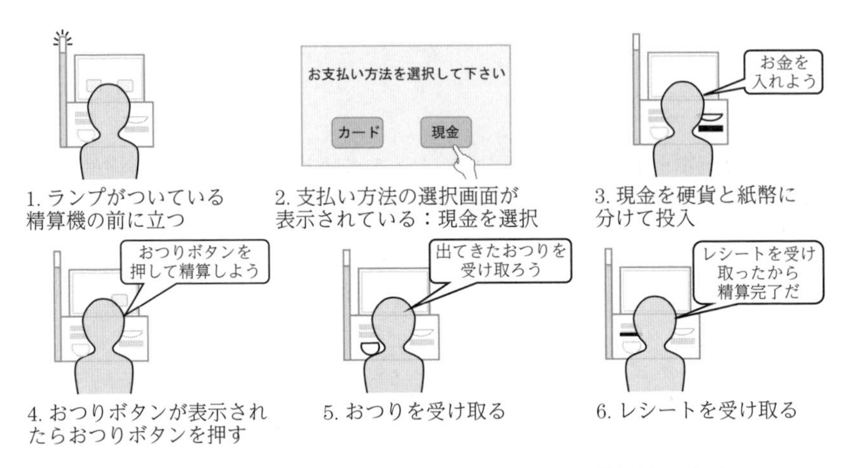

図 10.3　ストーリーボードの例（セミセルフレジの精算機を利用）

10.1.4　カスタマージャーニーマップ

カスタマージャーニーマップ（customer journey map）は，ユーザである顧客が経験することを予想しながら時間軸にマッピングしていく手法である[1)]。顧客の経験としては，外部から観察可能な行動だけではなく，内面的である思考および感情も含む。カスタマージャーニーマップの記述形式は多様であるが，ここでは横軸を時間とし，時間経過に従って，顧客の経験を記述する方法を紹介する。

まず，ユーザが目的を達成する過程を時間経過に合わせてフェーズに分解する。例えば，フェーズは，目的を持つ「気づき」に始まり，目的を達成するための「探索」，探索結果を「比較検討」し，いずれかを「選択」した後に，実際に「利用」することに分割することができる。さらに，「利用後」のフェーズも入れることができる。また，各フェーズにおける行動とタッチポイント（商品あるいはサービスとの接点）を書く。さらに顧客の思考を書いた後に，肯定的感情と否定的感情のいずれか，あるいは両方を書く。

図 10.4 は，文献 1）のカスタマージャーニーマップを参考に，図 10.1 に示したペルソナが，趣味のサイクリングに関する風景動画を視聴する際の目的達成過程を記載したものである。明らかになった否定的感情の要因を取り除き，肯定的感情をより強化することで，商品やサービスをとおしたユーザ体験が改善される。

フェーズ	気づき	探索	比較検討	選択	利用	利用後
行動	動画サイトにアクセスする	検索欄にキーワードとして「サイクリング」を入れて一覧を見る	サムネイル画像やタイトル・表示文を比較する	「しまなみ海道」を選択する	動画を視聴する	動画を評価する
タッチポイント	動画サイトのトップページ	動画サイトのトップページ内検索欄	各動画のサムネイルと説明文	各動画のサムネイルと説明文	選択した動画	動画ページの「いいね」ボタンと「低評価」ボタン
思考	サイクリング風景動画が見たい	サイクリングの動画がいっぱい出てきた	面白いのはどれだろう	しまなみ海道の橋の風景が綺麗だ	サイクリング場面以外もあるんだなぁ	良いとも悪いとも言えないなぁ
感情　＋	いろんな動画があるんだなぁ			サムネイルに映っている海の風景が綺麗だなぁ	風景だけじゃなくて名所が出てくるのもいいなぁ	
感情　－	ここから選ぶのは大変		サイクリング風景らしくない動画もあるな		名所はいいけど喋りが長いよ	
配慮事項	目的にあった動画を提示する機能（例：検索機能）		ユーザの好みに合わせた絞り込み機能	動画の魅力が伝わるサムネイル	興味があるところだけの視聴を支援する機能	

図 10.4　カスタマージャーニーマップの例（図 10.1 に示すペルソナがサイクリング風景動画を観るために動画サイトを利用）

10.2　設　　　計

要求獲得の次は設計である。ただし，HIの設計対象は多様であるため，確立された単一の手法や手順を適用するのではなく，対象に合わせて8.3節で述べたようなデザイン原則や指針を意識しながら設計した後に，試作と評価を通して修正するプロセスを反復することになる。

本書では，以下のように，設計を「情報の構造」「操作の体系」「要素の選択と配置」の三つに分けて留意すべき点などを述べる。

（1）　情報の構造

提供する情報が意味する内容そのものではなく，まず，情報の種類や関係などの高次の情報を設計する必要がある。特に，組織の公式Webサイトのように提供する情報が大量で多岐にわたる場合に重要である。

- **情報の分割**　ユーザが容易に認知できるよう，適度な量に分割することを考える。ユーザの混乱を避けるために，大きく異なる情報を混在させないような配慮も必要である。
- **分割した情報の関係の整理**　分割した情報の集合関係や階層構造などを明確にする。例えば**図10.5**のように図式化してみると考えやすい。

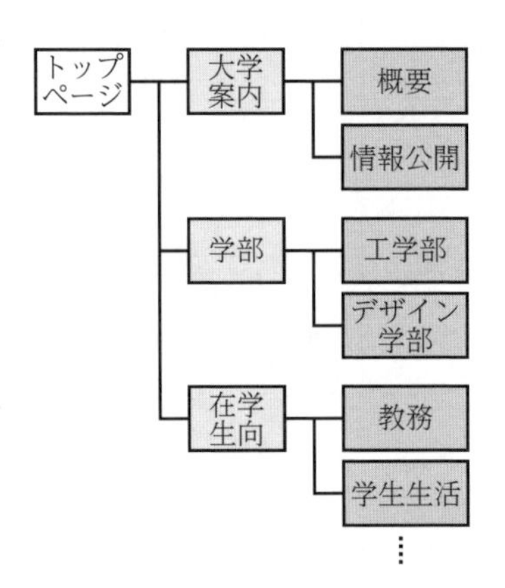

図10.5　情報構造の図式化の例

（2） 操作の体系

入力すべきデータや表示すべき情報が多く作業がすぐに完了しない場合には，8.3.3 項で述べたように，操作の段階化やその可視化などをより強く意識する必要がある。

- **操作の整理**　目的作業を完了するために必要な操作をすべて挙げる。また，概念的に近いものや関係が強いものは，それぞれまとめる。
- **操作の流れ**　個々の操作の前後関係が適切になるように，操作要素のならびを考える。シナリオやストーリーボードに沿って設計することが原則であるが，すべてのユーザが想定した順序での操作を望まない可能性も意識する必要がある。
- **操作方法**　個々の操作要素を適切に選択する。初心者や熟練者などさまざまなユーザを考慮し，必要であればユーザが操作方法を選べるようにする。また，8.3.2 項で述べたようなタスクの単純化も意識することが望ましい。

（3） 要素の配置と表現

整理した情報の関係や重要度，操作の順序などが直観的にわかるよう，適切な図柄や言葉，GUI ウィジェットなどのインタラクション要素を選択し配置することが求められる。

- **情報の配置**　情報の構造が直観的にわかる，かつ，操作の流れに沿った配置にする。7.3.1 項で紹介した群化の利用のように人の心理特性を利用する方法や，横書き文字は左上から表記するなどの社会的な慣習を利用する方法がある。後者の意味では，一般に採用されている配置と大きく異なる配置を採用する場合には，慎重な検討が求められる。
- **情報構造の表現**　情報の構造，すなわち個々の情報の重要度や関係が，見るだけで伝わるように表現を工夫する。例えば，重要な要素は文字を大きくする，ゴシック体や色を使うなどが考えられるが，過度に強調して見にくくならない配慮も必要である。

10.3　プロトタイピング

本節では試作段階に行う**プロトタイピング**（prototyping）について述べる。プロトタイピングとは**プロトタイプ**（prototype）を作ることであり，プロトタイプとは，製品の持つ機能の中の一部の機能のみを実装したもの，あるいは製品と同等の機能を持っているかのように見えながら，実際には見た目だけであり，稼働はしないものである[2)]。

なお，プロトタイプは，目的に応じて使い分けるべきである。HIデザインプロセスの初期段階においては，完成度は低くても早く作成することが要求される。なぜならば，設計アイデアを具現化して他者に説明したり，サイズ感や見た目を伝えたりすることが重要だからである。また，HIデザインプロセスの中期段階では，ある程度以上の完成度が求められる。これは，他者への説明に加えて，ユーザビリティの評価なども行うことができる程度の機能や見た目が求められることを意味する。なお，プロトタイプはHIデザインプロセスの途中段階で用いられるものであり，最終的には製品（完成品）ができあがっていることになる。以下にプロトタイプの具体例を示す。

10.3.1　ペーパープロトタイプ

ペーパープロトタイプ（paper prototype）とは，紙に画面を手書きするなどして，アイデアを視覚的に表現したものである。**図10.6**に示すのは，スマートフォンのWebブラウザで航空券予約サイトにアクセスした際の画面設計例である。このペーパープロトタイプは，実物大で画面描画することで，ユーザと情報機器との間のインタラクションを簡易的に表現することが可能となる。具体的には，1画面ずつユーザに提示しながら，ユーザの選択操作に応じて，別の画面を描いた紙を提示するのである。紙に描いた画面は，モノのプロトタイプであるが，それを使ってユーザに操作体験をさせるのは，コトのプロトタイプとなる。なお，10.1.3項で述べたストーリーボードは，コトのペーパープロトタイプとみなすこともできる。

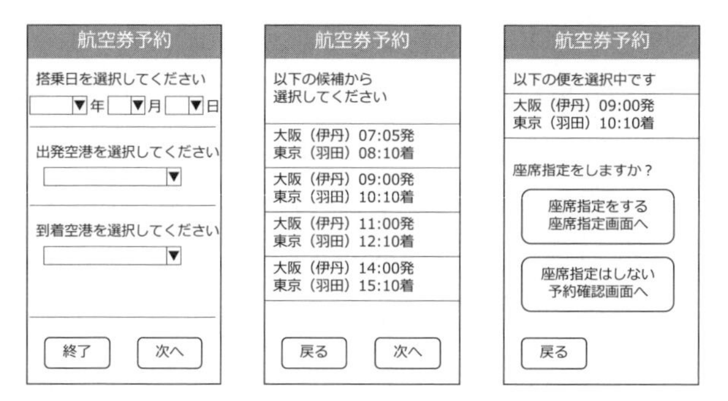

図 10.6 ペーパープロトタイプの例

10.3.2 モックアップ

モックアップ（mock-up）とは，直訳すれば実物大模型であり，モノのプロトタイプである。モックアップには，形状，サイズ，色などの見た目や，質感，重みなどを製品とほぼ同じに再現した完成度の高いものから，スチレンボードなどで，大きさや大まかな形状のみを再現した完成度の低いものまである。近年は，3D プリンタにより，見た目の完成度の高いモックアップ作成がより容易になってきている。**図 10.7** にはスマートウォッチのモックアップの例を示す。

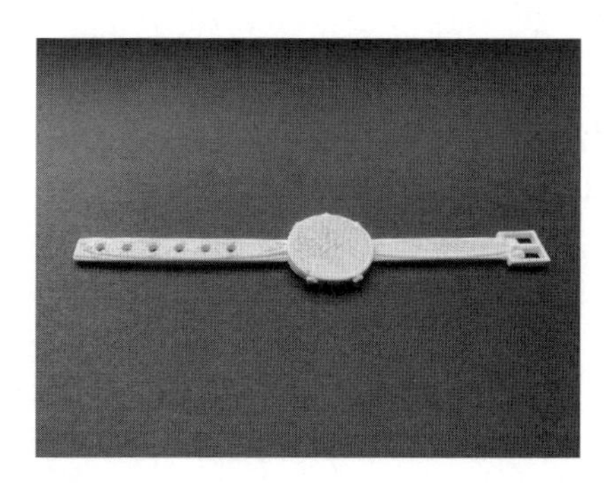

図 10.7 モックアップの例（スマートウォッチ）

10.3.3 ビデオプロトタイプ

ビデオプロトタイプ（video prototype）とは，コトのプロトタイプである。ユーザの体験をビデオクリップとして作成することによって，そのビデオを見たユーザが擬似的に体験するのである。ビデオプロトタイプは，アイデア段階の製品やサービスが実現したならば，ユーザや社会にどのような影響を与えるかを描くことに用いる場合が多い。ビデオプロトタイプは，ストーリーボードの動画版のように完成度の低いものもあれば，10年後の企業ビジョンをまるで現実世界かのように描いた完成度の高いものまである。**図10.8**には，朝寝坊したユーザがバスを待つ間に朝食（軽食）を注文してフードカーで受け取る一連の流れを示したビデオプロトタイプから抽出した数画面を示す。

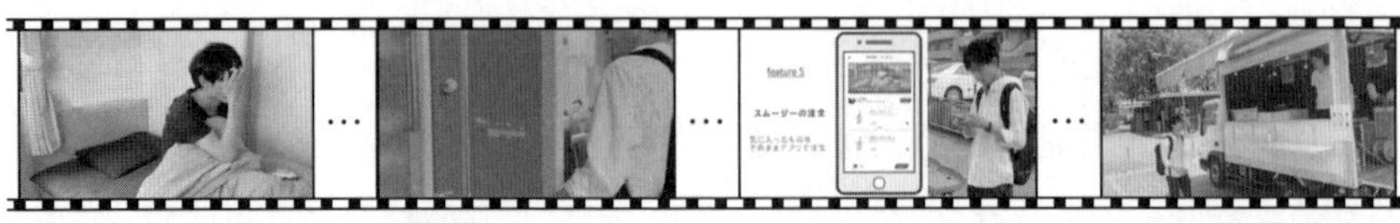

カラー画像はこちら

図10.8　ビデオプロトタイプの例（バスを待つ間に朝食（軽食）を注文して受け取るサービス（京都工芸繊維大学学内プロジェクト3ssmoothieより引用））

10.3.4　ソフトウェアプロトタイプ

ソフトウェアプロトタイプ（software prototype）とは，完成する予定のソフトウェアのプロトタイプであり，機能あるいは見た目が完成していないものである。

近年では，HIの評価を主目的にして，コーディングがほとんど必要なく，あたかも実際に動いているかのように見えるソフトウェアプロトタイプを作成することも可能である。例えば，画面をデザインした後に，画面遷移のみをGUI上で指定することによってソフトウェアプロトタイプを作成する際の画面の例を**図10.9**に示す。この図では，スマートフォン用アプリケーションの画面が四つ存在し，最も左にある画面において，ボタンA～Dのいずれかをタップ

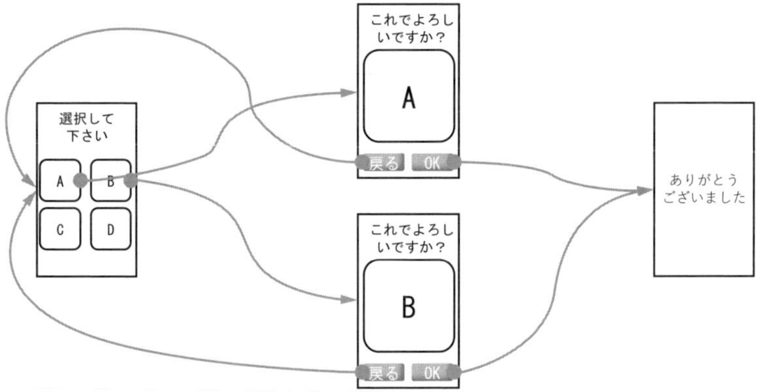

図 10.9　ソフトウェアプロトタイプを作成している画面の例
（4 画面から構成され，各画面中のボタンなどを押したときの
遷移先画面を矢印で指定している）

すると，対応した画面に遷移する。この遷移を矢印で描いている。図 10.9 では，ボタン A を押すと中央上側の画面に，ボタン B を押すと中央下側の画面に遷移する。さらに中央の上下いずれの画面においても OK ボタンを押すと右側の完了画面に遷移し，戻るボタンを押すと最初の選択画面に戻る。これらの画面デザインと，ボタン押下時の画面遷移をコーディングすることなく視覚的に描くことができる。

近年は，Web インタフェース，すなわちリンクで結合されたハイパーテキスト構造のインタフェースが主流となるにつれて，コーディングを行わなくともプロトタイプやアプリケーションを作ることができるようになってきた。このようなコーディングが完全にあるいはほとんど不要なプログラム開発は，**ノーコード開発**（no-code development）や**ローコード開発**（low-code development）と呼ばれる。

なお，ボタンやリンクを押すと画面遷移するような Web アプリケーションのプロトタイプ作成にはコーディングは不要になってきたが，より複雑な，例えば文字入力を伴うようなプロトタイプの作成においては，コーディングは必要である。

演　習　問　題

10.1　ペルソナ，シナリオ，ストーリーボード，およびカスタマージャーニーマップとは何か，それぞれ簡潔に述べよ。

10.2　プロトタイピングとは何かを簡潔に述べよ。

10.3　ペーパープロトタイプ，モックアップ，ビデオプロトタイプ，ソフトウェアプロトタイプ，それぞれを簡潔に説明せよ。

発　展　課　題

10.1　スマートフォン用家計簿アプリケーションを開発することを想定する。対象ユーザは1人暮らしの大学生とする。

（1）ユーザのペルソナを作成せよ。

（2）家計簿アプリケーションのペーパープロトタイプを作成せよ。

（3）（1）で作成したペルソナが家計簿アプリケーションを利用する場合のストーリーボードを作成せよ。

10.2　発展課題10.1でペーパープロトタイプを作成した家計簿アプリケーションの，ソフトウェアプロトタイプを作成せよ。

引用・参考文献

1）黒須正明：“UX原論 — ユーザビリティからUXへ”，近代科学社（2020）

2）H. Sharp, et al.: “Interaction Design: Beyond Human-Computer Interaction, (5th ed.)”, Wiley (2019)*

*は複数章引用文献

11章

評価と改良（1）

本章では，まずHIを評価する方法全体を概観した後，ユーザビリティ上の問題を事前に発見することを主な目的とするインスペクションの具体的手法と，手法間の違いについて述べる。

本章の目的は，ユーザビリティインスペクションの方法とその特徴を理解することで，システム開発のできるだけ早い段階でHIの問題を発見できるようになることである。

▼ 本章の構成

▼ 本章で学べること

- 認知的ウォークスルーやヒューリスティック評価などのユーザビリティインスペクション手法とその違い
- インスペクションの具体的な適用例
- チェックリストを用いたHIの評価方法

11.1 HI の 評 価

HIの評価として，本書では，**表11.1**に示すユーザビリティインスペクション，実験的評価，および実利用データに基づく評価を取り上げる。

表11.1　HIを評価する手法の分類

	ユーザビリティインスペクション	実験的評価	実利用データに基づく評価
必要なユーザ	不要（評価者がユーザの行動を推測）	評価対象HIユーザ層と同じ特性のユーザ	実際のユーザ
必要なHI	不要（仕様書などで可）	稼働または見かけ上稼働しているHI	完成品
主な実施段階	どの段階でも実施可能だが開発初期で有用	開発後期や製品化直前が主	HI製品化後

ユーザビリティインスペクション（usability inspection）[1)]は，主にユーザビリティに関する問題点を見出すことを目的とした評価であり，事前評価，予測評価，あるいは分析的評価とも呼ばれる。以降では，単にインスペクションと省略する。インスペクションは実ユーザを必要とせず，評価対象HIも必ずしも完成品である必要はなく，仕様書などでも良い。これに対して，実験的評価は，稼働している，あるいは稼働しているように見える評価対象HIをユーザに使わせることによって性能評価や問題発見をする手法である。

なお，インスペクションは開発の初期に，実験的評価は開発後期や製品化後に実施される割合が増える傾向がある。実利用データに基づく評価は，基本的には製品としてリリースされた後に行われる。

11.2 ユーザビリティインスペクション

インスペクションは，HIを評価する手法の一分類であり，システムとその用い方を手続きにのっとって分析することにより，問題点を洗い出す手法の総称である。また，インスペクションは，実際にモノを作る前に実施できることに意義がある。本節では，インスペクションの手法として，**認知的ウォークスルー**（cognitive walkthrough）と**ヒューリスティック評価**（heuristic evaluation）について述べる。また。インスペクションには含まれないが，ユーザに使用させずに行う評価という点は共通であるためチェックリストを用いた方法も併せて紹介する。

11.2.1 認知的ウォークスルー

認知的ウォークスルーは，馴染みのない HI を使用してユーザが特定の目的を達成する際の一連の行動を，評価者が推測しながら仮想的にたどる，すなわちウォークスルーすることによって，操作が破綻しそうな所などの問題点を見つけ出す手法である[2),3)]。ただし，ユーザの行動を完全に推測するのは難しいため，熟練した評価者が求められる。さらに，問題点の見落としを減らすためには，複数人で評価を行うことが望ましい。

認知的ウォークスルーの実施手順の概要を以下に示す。詳細な手順は参考文献を参照されたい。

1) 想定ユーザとタスク（ユーザの目的作業とその実行手順），評価する HI の仕様を明確化する。
2) システムを準備する。プロトタイプや仕様書でも構わない。
3) ユーザの行動を推測しながら，目的タスクを評価者がウォークスルーする。HI の使用方法を知らないユーザは使い方を探索的に学ぶことを意識しながら，タスクの各段階において，以下の 4 項目が満たされているか点検する。
   （1） ユーザは目的を達成するために，その段階で行うべき操作がわかるか？
   （2） ユーザは（1）の操作が実行可能であることを認識できるか？
   （3） ユーザは，自身が望む結果を（1）の操作と関係づけることができるか？
   （4） ユーザは，自身の操作によって目的に近づいたことを認識できるか（適切なフィードバックが与えられているか）？

4)　タスクの段階ごとの点検結果を整理して記録する。

ここでは，セミセルフレジでの精算に認知的ウォークスルーを適用した例を簡略化して示す。対象ユーザは，セミセルフレジの利用が初めての老年男性で，支払いは現金で行うものとする。セミセルフレジには，**図 11.1** のようにタッチパネルディスプレイの下にレシート出口や硬貨投入口などがあり，現金での精算に必要な操作手順は，支払い手段選択，現金投入，精算確認，おつり受領，レシート受領とする。また，メッセージは表示に加えて音声でも流れるものとする。

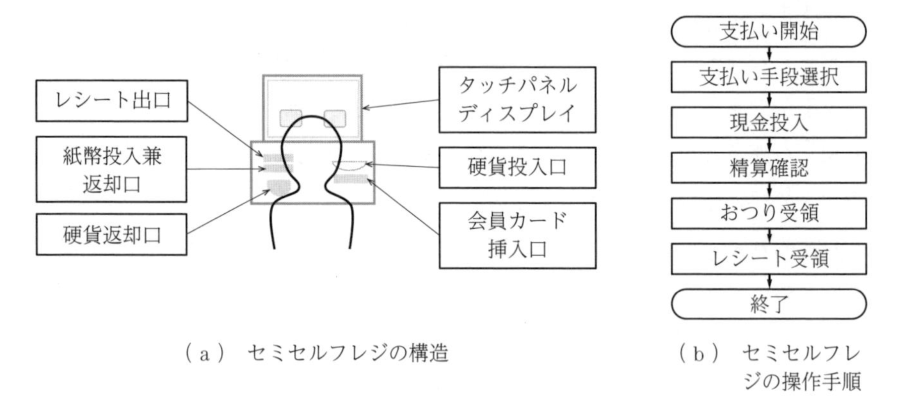

（a）　セミセルフレジの構造　　（b）　セミセルフレジの操作手順

図 11.1　評価対象とするセミセルフレジの構造と操作手順

点検結果の例を**図 11.2** に示す。図 11.2（b）は，図 11.2（a）の支払額表示画面を見ながらユーザが現金投入作業を行う場面の点検結果である。

この例では，「現金投入口をひと目で見つけられず探す可能性がある」点と「現金を入れた後，さらにいくら入れる必要があるのかユーザ自身が計算しないとわからない」点の二つの問題が発見された。これらを解決するためには，例えば現金投入口の位置を画面内に図示する，投入口周辺を光らせてユーザが気づきやすくする，さらに，支払い残額を画面表示して必要な追加投入金額の計算を不要にする，などの改善が考えられる。

認知的ウォークスルーの特徴は，問題を発見しやすくするだけでなく，その問題がどの点検項目に関するものかまで明確化する点である。例えば，表示に

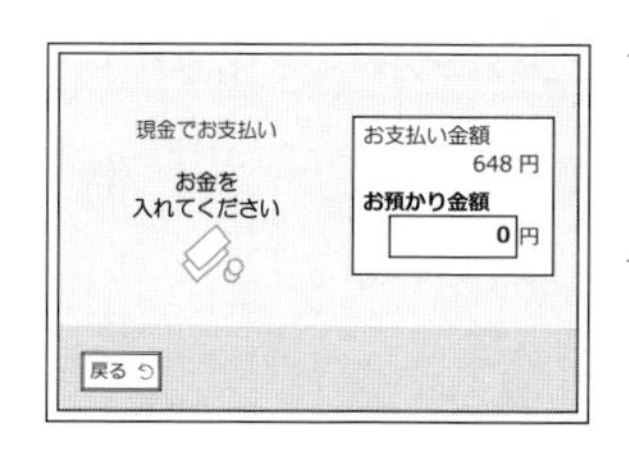

（a） 支払額表示画面

（1）	目的達成のための操作がわかるか？ NG：現金を投入するということは表示や常識からわかるが，現金を入れた後，さらにいくら入れる必要があるのかユーザ自身が計算しないとわからないので不十分である。
（2）	（1）の操作を実行可能と認識できるか？ NG：最初，現金投入口をひと目で見つけられず探す可能性がある。
（3）	望む結果を（1）の操作と関係づけられるか？ OK：入金を促す画面メッセージや音声，常識からわかる。
（4）	操作によって目的に近づいたことが認識できるか？ OK：預かり金額表示の増加からわかる。

（b） 適用結果

図 11.2 セミセルフレジでの現金精算に認知的ウォークスルーを適用した結果の例（現金支払い作業のみ）

気づきにくいのか，表示の内容が難解なのかが明確になれば，表示の強調や表示内容の平易化など，それぞれに適した具体的な解決案を考えるのが容易になる。

なお，認知的ウォークスルーは個々の操作段階の点検を主眼とする手法であるが，全体の操作体系も検討する必要がある。例えば，全体を通してウォークスルーした際に，重複した操作や手戻りがあった場合も問題点として取り上げる必要がある。

11.2.2 ヒューリスティック評価

ヒューリスティック評価は，評価ガイドラインに基づいてインタフェースに問題点がないか点検する手法である[4)]。なお，良い HI かどうかを判定するための基準は，当然ながら良い HI を設計するための指針と一致するので，ここでいう評価ガイドラインは，8.3 節で述べたデザイン原則とほぼ同じである。

認知的ウォークスルーとヒューリスティック評価を比較すると，前者が特定のタスクを実行する際のユーザ行動をシミュレートして問題を発見するのに対して，ヒューリスティック評価は，タスクを限定せず全体的な視点で問題発見を行う点が異なる。

ヒューリスティック評価に用いられる評価ガイドライン（ユーザビリティ原則）の一例を以下に示す[5)]。なお，この評価ガイドラインはその後更新されているが，本書では当初のものを示す。

（1）　単純で自然な会話
（2）　ユーザの言葉を話す
（3）　ユーザの記憶負荷の最小化
（4）　一貫性を持たせる
（5）　フィードバックの提供
（6）　明確な出口の提供
（7）　近道の提供
（8）　わかりやすいエラーメッセージ
（9）　誤りを未然に防ぐ
（10）　ヘルプとドキュメント

評価に際しては，同じガイドラインを使用しても評価者によって発見する問題点が異なるので，問題の発見率を向上させるためには，複数の評価者がそれぞれ独立に問題点を洗い出し，発見された問題点を集約するのが望ましい。ただし，評価者を増やせばそれだけ人的コストがかかる。そこで，ニールセンらは評価人数と問題発見率の関係を実験によって調査し，10人以上に増やしても発見率向上効果は低いことを示すとともに，3人から5人の評価者で行うことを推奨している。

ヒューリスティック評価の適用例として，**図 11.3**（a）に示すユーザ登録画面を考える。ただし，パスワードには，半角英数字で8文字以上10文字以下の制約がある。このHIを前出のユーザビリティの原則に順に照らし合わせていくと，パスワード設定時の制約条件が示されておらず，「（9）誤りを未然に防ぐ」に違反していることがわかる。この問題を解消するためには，図11.3（b）に示すように，入力画面に制約条件を付記するなどの改善が考えられる。

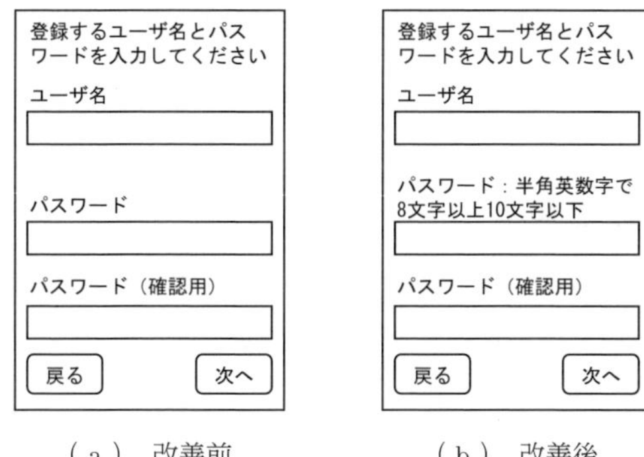

（a） 改善前　　（b） 改善後

図 11.3 ヒューリスティック評価を適用する前のユーザ登録画面と，評価結果に基づいて改善した画面

11.2.3 チェックリストを用いた評価

一般的なヒューリスティック評価が数個程度の基本的かつ抽象的な評価項目に沿って評価を行うのに対して，評価対象デバイスや OS などの利用環境に固有の内容を含む，具体的で場合により数百にもおよぶチェックリストをあらかじめ用意しておき，各チェック項目が満たされているかどうか確認する方法もある。HI を実際に開発する前に問題点を見つけるのではなく，すでに開発された HI の問題を洗い出す手法であるため，インスペクションには含まれないが，実験を伴わない手法であることから，便宜上，ここに記載する。

チェックリストは，8.3 節で述べた設計ガイドラインを流用することも可能である。例えば，アップル社の Macintosh に関する設計ガイドラインでは，画面上端のメニューバーにおける表示必須項目として以下のものが挙げられている[6]。

- アップルメニュー
- ファイルメニュー
- 編集メニュー
- ヘルプメニュー
- アプリケーションメニュー

細かく具体的な指示に従っているかどうかをチェックするため煩雑ではあるが，評価者が熟練していなくても問題を発見しやすい点において有利である。

また，同じチェックリストを利用することで，アプリケーション間でのHIの一貫性の担保にも役立つ。

11.2.4　各手法の比較

前項までに紹介した手法は，いずれもHIの問題点を見つけることを目的としている点は共通している。一方で，**表11.2**に示すように，さまざまな違いもある。例えば，認知的ウォークスルーとヒューリスティック評価では，評価者には専門的な知識と経験が求められるが，チェックストを用いた評価ではそれほど必要とされない。

表11.2　実験を伴わない評価手法の比較

	インスペクション		チェックリストを用いた評価
	認知的ウォークスルー	ヒューリスティック評価	
問題発見手続き	操作の段階ごとにユーザの行動を推測し問題の有無を判定	複数人が評価ガイドラインに基づいて問題点を探し，最後に集約	具体的に記されたチェックリストと照合して適否を判定
評価者に必要な専門的知識や経験	必要		あまり必要ない
対象HIの完成度	未完成で良いが，少なくとも操作は確定している必要あり	仕様書程度の初期段階でも実施可能	基本的には完成しているHIが対象

他方，ヒューリスティック評価は対象HIデザインの初期段階でも適用可能であり，認知的ウォークスルーも操作手順や画面表示がある程度決まっていれば適用できる。これらに対して，チェックリストを用いた評価は基本的には完成したHIに適用しないと再実施が必要になる。そのため，プロトタイプの完成度などに応じて評価手法を使い分けることが望ましい。

演習問題

11.1 ユーザビリティインスペクションとは何かを簡潔に述べよ。

11.2 認知的ウォークスルーの実施に際して，タスクの各段階で点検すべき項目を列挙せよ。

11.3 ヒューリスティック評価とは何かを簡潔に述べよ。

発展課題

11.1 認知的ウォークスルーを用いて，自身が所属する組織の Web サイトなどを評価せよ。

11.2 ヒューリスティック評価を用いて，スマートフォン用アプリケーションの一つを評価せよ。

引用・参考文献

1） J. Nielsen, R. L. Mack (eds): “Usability Inspection Methods”, John Wiley & Sons Inc. (1994)

2） C. Lewis, et al.: “Testing a Walkthrough Methodology for Theory-Based Design of Walk-up-and-Use Interfaces”, Proc. CHI '90, pp.235-242 (1990)

3） J. Nielsen and R. L. Mack (eds), C. Wharton, et al.: “The Cognitive Walkthrough Method: A Practitioner's Guide”, “Usability Inspection Methods”, John Wiley & Sons Inc. (1994)

4） J. Nielsen, R. Molich: “Heuristic Evaluation of User Interfaces”, Proc. CHI '90, pp.249-256 (1990)

5） J. Nielsen: “Usability Engineering”, Morgan Kaufmann. (1993)

6） Apple Computer, Inc.: “Macintosh Human Interface Guidelines”, Addison-Wesley Publishing Company (1992)

12章

評価と改良（2）

本章では，HIを評価する実験的評価の具体的手法と，その違いについて述べる。さらに，実際にユーザが利用した際のデータに基づく評価方法を紹介する。

本章の目的は，さまざまな実験的評価や実利用データに基づく評価の方法とその特徴を理解することで，デザインの各段階で適切な方法を用いてHIを評価し，その結果に基づいて改良できるようになることである。

▼ 本章の構成

節・項のタイトル以外のキーワード

- パラメトリック検定 → 12.1.2項
- ノンパラメトリック検定，評定尺度 → 12.1.4項
- ヒートマップ，ゲイズプロット → 12.1.6項
- アナリティクス，A/Bテスト → 12.2節

12

▼ 本章で学べること

- HIをユーザに使用させて評価する実験的評価の手法とその違い
- 実利用データを用いた評価の方法
- HIの改良に際しての留意事項

12.1 実 験 的 評 価

実験的評価（empirical evaluation）は，文字どおりHIの実機あるいはプロトタイプを想定ユーザに使用させ，性能を評価したり，問題点を見つけたりする手法である。11.2節で述べたインスペクションが問題発見のための評価手法であったのに対して，実験的評価には，**表12.1**や**図12.1**に示すようにさまざまな方法があるため，評価目的に応じて適切な方法を採用する，あるいは複数の方法を組み合わせる必要がある。なお，パフォーマンスやユーザ負荷などを主観評価させる場合もあるが，実際の作業時間とユーザが感じる作業時間が

表12.1　実験的評価における評価項目と方法

評価項目	評価方法
パフォーマンス（操作時間，エラー率など）	パフォーマンス評価（主観評価）
ユーザ負荷（ストレス，疲労など）	生理指標に基づく評価（主観評価）
主観（好ましさなど）	主観評価
問題発見や原因究明（ユーザビリティ）	思考発話法
そのほか（興味など）	視線分析（主観評価）

（a）パフォーマンス評価

（b）生理指標に基づく評価

（c）主観評価

（d）思考発話法

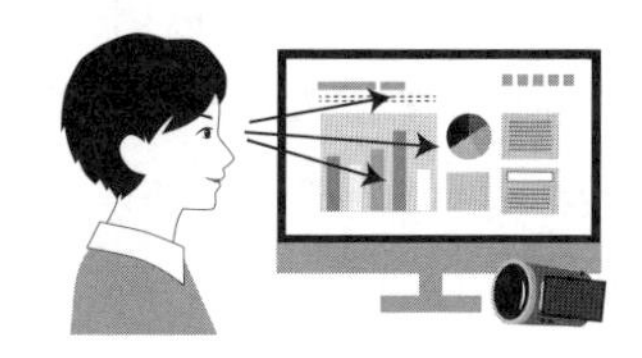

（e）視線分析

図12.1　実験的評価の例

一致しないように，客観的な量と主観は必ずしも一致しない点に留意する必要がある。

本節では，操作時間やエラー率などを評価項目とする**パフォーマンス評価** (performance evaluation)，ユーザのストレスや負荷を評価項目とする**生理指標に基づく評価** (physiological assessment)，質問紙やインタビューによって好ましさや使いやすさなどユーザの主観を評価する**主観評価** (subjective evaluation)，ユーザビリティ上の問題発見や原因究明に利用される**思考発話法** (think-aloud protocol)，そしてユーザの興味などの分析に使用される**視線分析** (gaze analysis) について述べる。

12.1.1　実験的評価の実施

実験的評価の実施に際しては，まず実験の目的を明確にしたうえで，想定されるユーザや作業に基づいて，実験参加者やタスク，計測するデータなどを設定する。そうして，評価対象のシステムや，説明や評価などのための文書類を用意し，予備実験によって実験デザインが適切であることを確認したうえで，実験参加者を募って実施する。実験後には，得られた結果を検証する。手順の詳細は文献 1) などを参照されたい。

また，実施に際しては，一般に，以下のような事項に留意する必要がある。

- **目　的**　　HI の問題発見，問題の原因の究明，異なる HI の比較など，評価実験の目的を事前に明確にし，目的に応じて適切な評価方法を選択する。
- **実験参加者**　　評価する HI のターゲットユーザ層と同じ特性（年齢，性別，経験，知識など）を持つ集団から実験参加者を選ぶ。さらに，個人差などに起因するばらつきの影響が低減されるよう，条件数に対して十分に多数の実験参加者を，条件ごとに年齢などの特性が偏らないよう配慮して集める。
- **対象システム**　　HI を評価するシステムを用意する。ユーザから見て正しく機能していれば良いので，実機ではなく，機能しているように見えるだけのプロトタイプでも構わない。

- **実験環境**　実験的評価の実施環境は，実験室環境と実環境に分けることができる。前者はあらかじめ準備した実験室で評価を実施する場合であり，対象 HI 以外の影響要因，例えば明るさや，環境音，温度，湿度などを統一することが比較的容易である。学習効果や疲労のように統制が困難な要因に対しては，ラテン方格（n 行 n 列の表に n 個の異なる記号が各行各列に一度だけ現れる表）に従って参加者ごとの実験順序を入れ替えるなどの手段によって，その影響を低減することが望ましい。

  実環境での評価は，対象 HI が実際に利用されている環境に評価のための実験機材などを持ち込んで実施する。HI 以外の要因を統制することが困難ではあるが，実環境でしか見つけられない問題の発見につながる可能性がある。
- **タスク**　実験参加者にタスクを課す場合は，問題発見や性能比較などの評価目的に応じ，実際の利用場面も考慮しながらタスクを設定する。さらに，従来の知見などから事前に結果の予想を立て，予備実験を実施して妥当な内容であることを確認しておく。
- **計測データ**　評価目的に応じて，タスク実行時間やエラー率，主観評価などの収集するデータを決定し，必要な計測装置やアンケート用紙などを用意する。可能であればビデオで実験風景を撮っておくと，データに外れ値などが見つかった場合に，その原因を探るうえで有益である。
- **ドキュメント**　実験を開始する前に，実験参加者に実験の主旨や評価する HI やシステムを説明する文書，タスクを課す場合にはその説明文書，アンケートを実施する場合にはその用紙などを用意する。また，実験者自身のためのチェックリストや結果記録用紙も用意する必要がある。さらに，倫理審査のための申請書や同意書も事前に用意する。
- **結果の検証**　実験実施後は，あらかじめ予想した結果や仮説と比較し，実験が設計したとおり実施されたか検証する。量的結果を条件間で比較する場合には，その差が有意であるか統計的検定を実施する。なお，比較するHIのすべてを同じ参加者が操作する参加者内比較ではデータに対応のある検定を，HIごとに異なる参加者が操作する参加者間比較では対応のない検定を適用する。

- **倫理的配慮**　実験的評価を行う際には，実験参加者への倫理的配慮も重要な項目である。そのため，実験計画段階で，実施者が所属する組織あるいは公的に認定された団体の倫理審査委員会に，研究目的や実施内容，実施時間，参加者への負荷の種類と程度などを記載した申請書と同意書を提出し，承認を得ておく。参加者に対しては，実験実施に先立って，倫理審査委員会で承認を得た説明書などを提示して説明し，書面で実験協力の同意を得る。

12.1.2　パフォーマンス評価

パフォーマンス評価は，開発したHIの実機あるいはプロトタイプを使用して，実験参加者（想定ユーザ）に指定したタスクを行わせた際の，パフォーマンスを測定することである。測定するパフォーマンス指標には，タスク達成に要する時間，タスク実行時のエラー発生率などがある。さらに，習熟によるパフォーマンスの変化から，学習容易性を評価することも可能である。

例として，スマートフォンにおける日本語テキスト入力タスクの達成時間を，フリック入力を行う群とQWERTY配列のソフトウェアキーボードでローマ字入力する群を対象に計測した結果を**図12.2**に示す。この例では，フリック

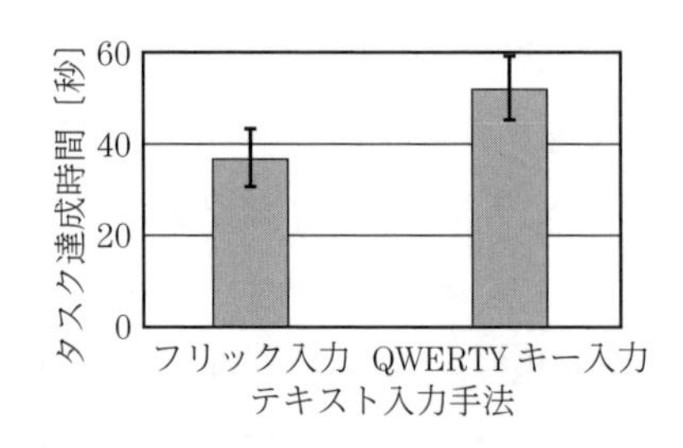

図12.2　パフォーマンス評価の例（スマートフォンでのテキスト入力タスクの達成時間）

入力群のほうがQWERTYキー入力群よりも平均タスク達成時間が短い結果になっているが, 結果の解釈に際しては, 個人差などに起因するばらつきの可能性に注意する必要がある。

なお, 操作時間やエラー発生率などの物理量は, 9.2.3項で述べた比率尺度や間隔尺度に該当するため, 平均や標準偏差などの算術演算による代表値を使用した比較が可能である。結果の検定には, 等分散などの条件があるが, t検定や分散分析などの**パラメトリック検定**（parametric test）を適用することができる。統計的検定の詳細は文献2）などを参照されたい。

また, 4章で紹介した各種モデルを用いることで, ある程度, 実験前にパフォーマンスを予測することも可能である。例えば, KLMを用いて方式ごとの作業時間をあらかじめ予測することによって, 事前に実験条件を絞り込むことや, 実験後の結果の妥当性の確認がある程度可能になる。

12.1.3 生理指標に基づく評価

生理指標に基づく評価では, 2.5節で述べた生理指標を測ることによって, HIを使用するユーザの負荷や状態, すなわちストレスや疲労, 覚醒度などを評価する。12.1.4項で後述する主観評価では, ユーザが内省してHIに対する評価を言語化するのに対して, 生理指標による評価は, ユーザが自覚あるいは言語化できない潜在的な部分も反映される可能性がある点が利点である[1)]。

生理指標を計測するためには, センサなどをユーザに装着する必要がある。この装着自体がユーザにストレスを与える可能性もある。また, 脳波や筋電位などの微弱な信号を測る場合には, ノイズを除去する工夫が必要ある。さらに, 生理指標の計測に当たっては, 身体運動などの影響を排除して定常時の値を得るため実験参加者に安静にしてもらう必要がある。すなわち, 生理指標に基づく評価を適切に実施するためには, これらの事項を正しく理解し, 計測に習熟する必要がある。

例えば, 筋活動電位は収縮力を反映するため, 筋活動を伴う物理的身体負荷の評価指標として利用することができる。その応用には, プログラマやデータセンタオペレータの腕や肩の筋活動の継続的計測による身体負荷の評価などが考えられる。

なお，身体負荷が長時間継続すると，身体疲労やストレスを生じる。これらの評価には，心拍数などが利用される。なお，2.5節で述べたように，生理指標はさまざまな要因の影響を受けるため，単独の生理指標では判断が難しい場合が多い。そのため，主観評価やほかの生理指標と併用することが望しい。

12.1.4　主　観　評　価

主観評価では，「使いやすさ」や「好ましさ」のように，対象HIに対してユーザが抱いた主観を，ユーザ自身に回答させる。対象HIを操作させ，アンケートやインタビューを実施して評価を得る。

好ましさの程度などの主観評価値は，数値ではあってもそれぞれ値の等間隔性が保証されないため，順序尺度に分類される。そのため，平均などの算術演算の結果は意味をもたないとされ，結果の検定もパラメトリック検定ではなく，ウィルコクスンの順位和検定やクラスカル・ウォリス検定などの**ノンパラメトリック検定**（nonparametric test）を適用する必要がある[2]。

主観を数量によって表現することは尺度構成と呼ばれ，直接的に主観を数値で答えさせる直接法と，優劣のような単純な回答を多数集めて統計的に数値化する間接法がある。**図12.3**に，9.2.3項で紹介したSD法の実施例を示す。この例のように，特定の事項に対する主観の程度を多段階で回答させる尺度は**評定尺度**（rating scale）と呼ばれる[3]。

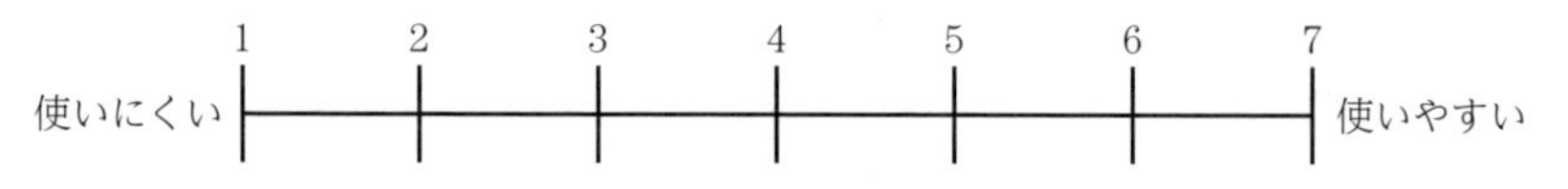

図12.3　直接法（SD法）による尺度構成の例（図9.4（a）を再掲）

間接法には，比較対象を二つずつ組みにして，全組合せに対してユーザに優劣や好悪などを回答させて数値化するサーストン（Thurstone）の方法などがあり，統計的に処理することによって間隔尺度で結果が得られるとされる[3]。

12.1.5 思 考 発 話 法

思考発話法は，ユーザ（実験参加者）にタスクを課し，理解や意図，操作，疑問や不満など考えていることのすべてを発話しながら，HI を操作させる方法である[4)]。この間，実験者は操作の誘導などを行ってはならない。ユーザの発話は，ユーザの注目箇所やその解釈に加えて，操作や行動の理由の解明につながる可能性がある。言い換えると，ユーザが「失敗した」，「不満を述べた」という事象の記録にとどまらず，「なぜ失敗したのか」，「なぜ不満を述べたの

表 12.2　思考発話法の実施例（電子オーブンレンジでふかし芋を作成）

経過時間	行動	発話
0:35	レシピを読みながら芋と水を手に取る	これを全部使って……水？
0:55	レシピを読みながら水を手に取る	
1:15	レシピを読む	ふかしいも……ふーむ
1:20	レンジのふたの取っ手を触る	自動の 9 はどうすればいいのかな？
1:25	レンジを開ける	水はどこにいれたらいいのかな？
1:35	ラップを外す	
1:50	グリル皿を下段に入れる	
2:35	グリル皿に水を入れる	水をどこにいれるっつったら皿じゃない？……わからん
2:58	レンジを閉める	
3:05	レシピを読みながら自動メニューボタンを探す	レンジの使用ボタンが……自動メニュー……どこやろな
3:15	自動メニューのボタンを表示が 9 になるまで押す	あっ，これか。自動メニューの……9
3:28	音声ガイドをきいて，給水タンクを出す	給水タンクあったんや，ここか，なるほどね。ここに水をいれるんか
3:45	給水タンクに水を入れる	まあ多分満水まで水をいれるんかな？
3:56	給水タンクを戻す	
4:04	開始ボタンを押す	温めスタート

か」という問題の原因究明につながる可能性がある点は，ほかの評価手法にない長所である。

思考発話法では，HIを操作した際の言動をビデオなどに記録し，その言動を書き下ろして分析することが一般的であり，ほかの方法と比較して多くの時間が必要になる。また，ユーザにとって，自身が思っていることをすべて発話することは難しく，必ずしもすべての問題が明らかになるとは限らない。さらに，発話のための思考がタスクに影響する可能性にも留意する必要がある。

思考発話による評価の例として，電子オーブンレンジを使ってふかし芋を作る際のユーザの行動と発話を，ビデオ記録から書き出したものを**表12.2**に示す。この例では，下線を引いた発話からわかるように，水を入れる場所がわからず困惑している。そして，メニューボタンを押したことによって流れた音声ガイドを聞いて，初めて給水タンクの存在に気づいている。ここから，給水タンクの存在をレシピに明示したり，水を入れる給水タンクの位置をわかりやすくしたりするなどの改良が必要であることがわかる。

12.1.6　視　線　分　析

視線計測装置の高精度化と低価格化により，Webページなどの画面の閲覧を中心とするHIを，ユーザの視線データを用いて評価する場面が増えている[5]。ユーザの注視点の動きを知ることによって，ユーザが画面中の各要素を，どういった順序でどの程度見ているかを把握することが可能になる。例えばWebページ作成者の意図どおりの順番でユーザがページ内の各要素を見ているか否かがわかれば，デザイン改善の必要性や改善箇所を判断する際の参考になる。

視線データを視覚的に提示する方法には，**図12.4**（a）のように注視時間の長短を色の違いと濃さで表現する**ヒートマップ**（heat maps）や，図12.4（b）のように注視点を中心に注視時間の長さに応じた円を描画し，注視順に直線でつなぐ**ゲイズプロット**（gaze plots）がある。

例えば，商品陳列棚を見ている消費者の視線と購買行動を併せて分析すれば，消費者がどの商品に長く注目したか，どの順番で商品を見たか，手に取っ

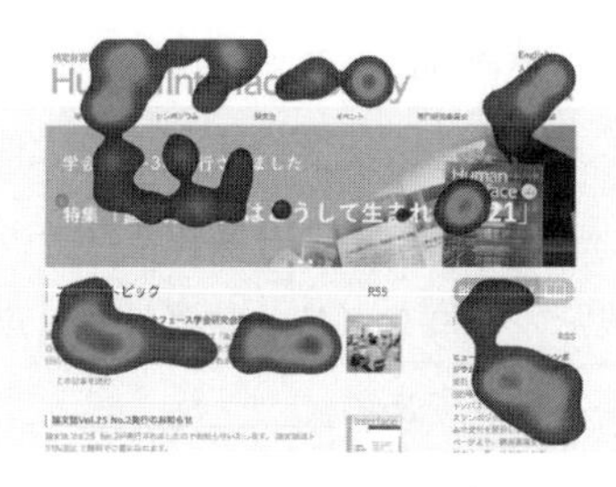

（a）　ヒートマップ

（b）　ゲイズプロット

カラー画像はこちら

図 12.4　視線分析結果の表示例

た商品はどれか，そして購入に至った商品はどれかといった情報を得ることができる。さらにその結果は，商品の陳列方法の改善や商品パッケージの改善に反映することも可能である。

なお，注視の解釈に際しては，ユーザが長時間注視した場所は，ユーザが興味を持っている可能性が期待される一方で，理解するのが困難で凝視している可能性もある点に注意する必要がある。

12.2　実利用データに基づく評価

設計した HI を実際に利用するときにユーザが取る行動は，設計時の想定と異なる場合があるだけでなく，利用する目的や環境などの相違から，実験的評価の結果とも異なる可能性がある。そこで本節では，実際に稼働している HI をユーザが利用した際の実利用データに基づく評価について述べる。実利用データを活用した評価手法には，アプリケーションソフトや Web サーバのログなどを用いた操作データの解析や**アナリティクス**（analytics），**A/B テスト**（A/B testing）などがある[6)]。

サーバのログなどの実利用データを分析することにより，精度や分解能に制約を生じる場合もあるが，タスク達成時間や操作停滞箇所，エラー発生箇所など，実験的評価と同様の情報を得ることができる。本来のユーザのデータを大量に分析できる点において優れているが，HIの利用が必須でない場合やユーザにより利用目的が異なる場合には，ユーザの興味の程度などユーザビリティ以外の要素も影響するため，結果の解釈には注意が必要である。

アナリティクスは，収集したデータを，コンピュータなどを用いて体系的に分析し，結果を可視化したりユーザの行動を予測したりする方法を指す。近年では，Webインタフェースが多く用いられていることから，記録・分析のためのコードをhtml中に埋め込んでオンラインで分析するWebアナリティクスの普及が進んでいる[6)]。Webアナリティクスによって端末の種別や解像度，居住国などのユーザ属性が明らかになると，主たる対象ユーザ層が明確になる。さらに，**図12.5**のようなページごとのタスク完了時間や達成率の分析は，ユーザの嗜好や興味に加えて，表示や操作がわかりにくい箇所を発見するきっかけにもなる。図の例では，ログインして次の画面に遷移するまでに平均3分以上かかっていることから，ログイン画面の操作性に問題がある可能性が疑われる。同様に，閲覧順序の分析は迷子になりやすい箇所の発見につながる可能性がある。さらに，これらの情報をユーザ属性と併せて分析することで，ユーザ群固有の問題発見にもつながる。

Webアナリティクスの利点は，ユーザに余計な操作などの負担を課すこと

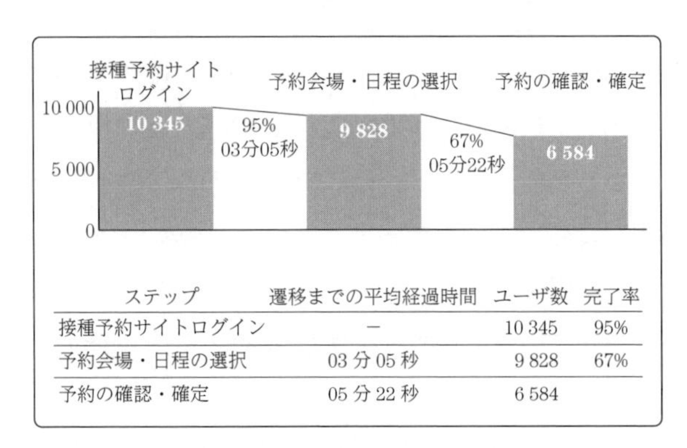

ステップ	遷移までの平均経過時間	ユーザ数	完了率
接種予約サイトログイン	−	10 345	95%
予約会場・日程の選択	03 分 05 秒	9 828	67%
予約の確認・確定	05 分 22 秒	6 584	

図12.5　Webアナリティクスによるタスク完了過程の分析例（イメージ）

なく，実際の利用データを大量かつ自動的に分析できる点にある。

A/B テストは，異なる二つのデザイン A と B それぞれを実利用に供する，すなわち本来のユーザに利用させることによって，評価要素の影響を調査する方法である[6)]。デザインごとに異なるユーザ群が利用することになるため，参加者内比較ではなく参加者間比較になる。A/B テストでは，実施目的を明確にし，結果の仮説を立てたうえで，比較する条件のみが異なるようにデザインすることが必要である。

A/B テストの例として，**図 12.6** のように立体的なものとフラットなもの，2 種類のデザインのボタンを比較する場合を考える。この比較は，立体的なデザインのほうがボタンとして認識しやすく，操作が容易との仮説に基づいている。評価に際しては，2 種類のデザインの HI を用意して一定期間適用し，クリックまでの時間の分布などを用いて両者を比較する。

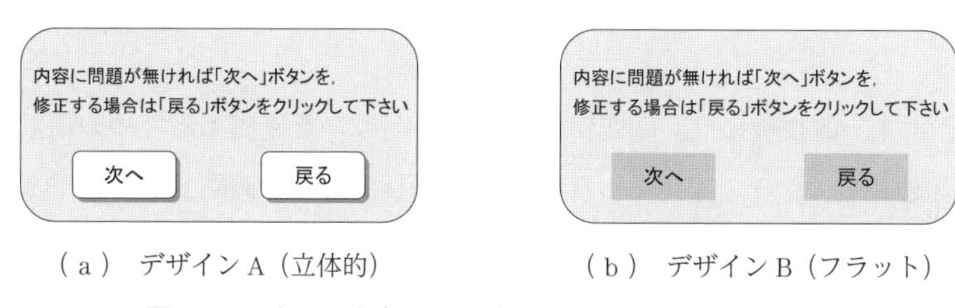

（a） デザイン A（立体的）　（b） デザイン B（フラット）

図 12.6 ボタンデザインの影響を評価する A/B テストの例

A/B テストは，Web ページやアプリケーションなどさまざまな HI デザインに適用可能であり，Web アナリティクスと同じく大量の利用データに基づく評価が可能であることが利点といえる。ただし，二つのデザインの適用時期の相違などによっては，目的とした比較要素以外，例えば天候や社会事象などが結果に影響する可能性にも注意する必要がある。

実利用データに基づく評価すべてに共通する注意点は，そこから得られる知見は結果であり，ユーザがそのような行動を取った原因は不明ということである。そのため，操作停滞やエラーがあれば，その発生原因やユーザの心理を考察し，検証することが求められる。

12.3 HI の 改 良

HIの評価によって問題が見つかれば，その問題を取り除く必要がある。例えば，操作が冗長であることが判明すれば，より簡潔になるように操作の流れを再設計する。メッセージの理解が困難であれば，よりわかりやすい表現に改める。特定の場面でGUIの誤操作が多発するようであれば，ボタンの大きさや配置を変更するなど，問題に応じて求められる改良もさまざまである。

さらに，一つの問題に対して複数の改良が適用可能な場合も多い。例えば11.2.1項のセミセルフレジで現金投入口が見つけにくいという問題を改善するためには，現金投入口の位置を画面内に図で示す，投入口周辺を点滅させてユーザが気づきやすくする，音声で案内するなどさまざまな改良が適用できる。したがって，HIの設計者には，適用可能な改良にどのようなものがあるかを把握したうえで，適切に選択あるいは組み合わせて再設計することが求められる。

そうして，改良後には，問題が解決したかどうかを確認するための再評価を必ず実施する。さらに，発見した問題が解決したことを確認するだけでなく，改良のための設計変更によって別の問題が発生する可能性にも留意して再評価する必要がある。すなわち，問題を見つけたら，原因を特定し，原因を取り除く解決案を考え，実装して，再評価するというプロセスを，基本的には問題が無くなるまで繰り返す。すなわち，デザインのループを回すことが重要である。

また，一般的には発生確率の高い問題ほど発見が容易であるため，結果として，優先的に改良される。しかし，たとえ発生確率が低くとも，誤操作が生じればユーザや周辺の人々に甚大な影響を及ぼすHI，例えば旅客機の操縦のためのHIのような問題は，優先的に解決すべきである。すなわち，HIの改良に際しては，誤操作などの発生確率だけでなくユーザへの影響も考慮する必要がある。

演習問題

12.1　実験的評価とは何かを簡潔に述べよ。

12.2　実験的評価の一般的な実施手順を簡潔に述べよ。また，実験参加者の選定に際しての注意事項を述べよ。

12.3　パフォーマンス評価，生理指標に基づく評価，および主観評価とは何かを，それぞれ簡潔に述べよ。

12.4　視線分析におけるヒートマップとゲイズプロットを簡潔に説明せよ。

12.5　A/B テストとは何かを簡潔に述べよ。

発展課題

12.1　自分で適当な対象を選び，思考発話法を用いた HI 評価を実践してみよ。

12.2　発展課題 12.1 で評価した対象に問題が発見された場合，その改良案を検討せよ。

引用・参考文献

1)　田村　博 編：“ヒューマンインタフェース”，オーム社（1998）*
2)　内田　治，西澤英子：“R による統計的検定と推定”，オーム社（2012）
3)　大山　正ほか 編，“新編 感覚・知覚心理学ハンドブック”，誠信書房（1994）*
4)　K. A. Ericsson, H. A. Simon: “Protocol Analysis: Verbal Reports as Data (Revised ed.)”, The MIT Press (1993)
5)　D. Stone, et al.: “User Interface Design and Evaluation”, Morgan Kaufman (2005)
6)　H. Sharp, et al.: “Interaction Design: Beyond Human-Computer Interaction (5th ed.)”, Wiley (2019)*

*は複数章引用文献

13章

ユーザ支援技術・アクセシビリティ

本章では，マニュアルやヘルプなどのユーザ支援技術の種類とそれぞれの特徴について述べる。次に，ユニバーサルデザインとアクセシビリティの概念や考慮すべき事項などを紹介する。さらに，多様なユーザが利用する公共機器・サービスに求められるHIのあり方について述べる。

本章の目的は，ユーザ支援技術，ユニバーサルデザインおよびアクセシビリティの概念や，公共機器・サービスのHIに求められる特性を理解し，HIを適切に設計し実現する技術を身につけることである。

▼ 本章の構成

節・項のタイトル以外のキーワード

- オンボーディング → 13.1.1項
- ユーザガイド → 13.1.3項
- ツールチップ → 13.1.4項
- バリアフリー → 13.2.2項
- Webアクセシビリティ → 13.2.3項

▼ 本章で学べること

- ユーザ支援技術の種類とそれぞれの設計における注意事項
- ユニバーサルデザイン・アクセシビリティの概念と注意事項
- 公共機器・サービスにおけるHIのあり方

13.1 ユーザ支援技術

本書におけるユーザ支援技術とは，ユーザがある目的を達成するためにシステムやアプリケーションなどの HI を利用する際に，利用方法の習得を支援したり，利用時に困ったときに支援したりする技術である。

ユーザが HI を利用する際に，支援を必要とする場面は以下の二つに分類される。

（1） 初めて使う HI の使い方を知りたいとき

（2） 使用中の HI で使い方がわからなくなったとき

なお，上記（1）には，久しぶりに HI を使う場合で，使い方を忘れてしまった場合も含まれる。そして，これら二つの場面に応じて，ユーザを支援する方法も変わる（**表 13.1**）。

表 13.1 ユーザの要求に応じた支援技術

ユーザの要求	支援技術
初めて使う HI の使い方を知りたい	● チュートリアル ● 導入マニュアル
使用中の HI で使い方がわからなくなった	● ユーザ（詳細）マニュアル ● ヘルプ（検索型，目次型など） ● エラーメッセージ

13.1.1 チュートリアル

チュートリアル（tutorial）（海外では，**オンボーディング**（onboarding）と呼ぶ場合もある）は，システムやアプリケーションなどを初めて起動したときにユーザに対して提示される機能の紹介や使い方である。チュートリアルは以下の条件を満たす必要がある。

（a） **提示時間はできるだけ短くする**　ユーザはシステムやアプリケーションを使用したいのであって，チュートリアルが長すぎると使う気を無くしてしまう。

（b）**一度きりではなく見直すことができるようにする**　チュートリアルを見終わった後，あるいはチュートリアルをスキップしても，後で見ることができれば，ユーザは安心感を得ることができる。

（c）**適切な提示メディアを選択する**　ハードウェアの設定時であれば印刷物であったり，アプリケーション起動時であればディスプレイであったり，ユーザが容易に参照できるようにする。

なお，システムやアプリケーションのバージョンアップなどに追従して，チュートリアルも改訂し，常に最新の情報を保つ必要がある。

また，チュートリアルの形式の例として以下に3種類を挙げる。

（a）**ダイアログ型チュートリアル**　ソフトウェアやハードウェアのインストールあるいはセットアップウィザードのように，段階ごとにユーザに操作方法を提示し，ユーザがその操作を行えば，次の段階に進む方法である。ユーザは指示に従って操作すれば良いので記憶負荷が低い。また，目的に向かって進んでいることをユーザは実感し，操作に対する安心感を得ることができる。

（b）**ビデオ型チュートリアル**　ソフトウェアやハードウェアについて，実際の設定あるいは操作風景をビデオ撮影し，ユーザに提示する方法である。ユーザは，ビデオを見ながらまねるだけで良いので記憶負荷が低い。

（c）**ゲーム型チュートリアル**　操作方法を，最初は簡単なタスクをこなしながら，学んでいく方法である。例えば，ゲームアプリケーションを初めて起動したユーザが基本的ボタン操作などを一度は体験することが挙げられる。ユーザは，楽しみながら必要な操作を学ぶことができる。

近年はインターネットの普及により，ビデオ型チュートリアルが増加している。説明の速度にユーザがついて行けない場合でも，一時停止したり，再度見直したりできるというメリットがある。一方，ビデオをすべて見るのには一定時間がかかるため，システムやアプリケーションを実際に使い始めるまでに時間がかかるというデメリットがある。

13.1.2 導入マニュアル

導入マニュアル（setup manual）とは，ユーザが対象 HI を利用するうえで，必要最小限の項目に絞って記述されたドキュメントである。PC の周辺機器のセットアップなどで，段階的に説明されているものもある。また，イラストや写真なども積極的に活用し，ユーザが専門用語を知らなくても，セットアップできるようにすることが望ましい。**図 13.1** に導入マニュアルの一例として，プリンタの設置マニュアルの一部を示す。

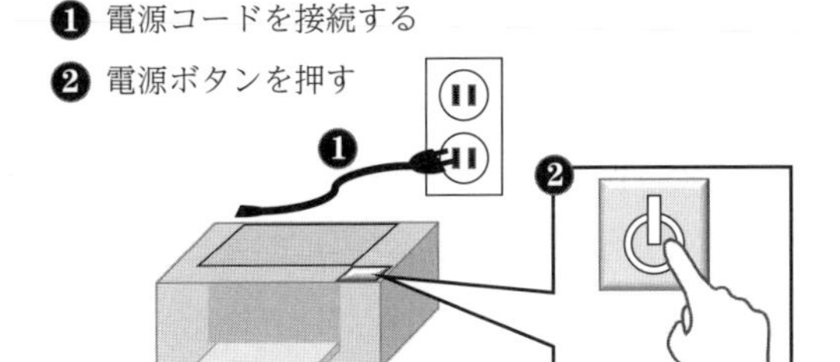

図 13.1 導入マニュアル例（プリンタ設置マニュアルの一部）

13.1.3 ユーザマニュアル

ユーザマニュアル（user manual）とは，システムの操作方法をユーザに伝えるためのドキュメントであり，**ユーザガイド**（user guide）とも呼ばれる。なお，マニュアルを提供する媒体は印刷された冊子とは限らない。近年ではむしろ，PDF ファイルあるいは Web ページなどの電子化されたものが多い。

マニュアルは，ユーザの操作を支援するためのドキュメントであり，読みやすいドキュメントのためには，文章の構成や表現に注意する必要がある。マニュアルの構成の例を**表 13.2** に示す。なお，この表に示すのはあくまでも一例であって，説明対象となるシステムの機能あるいは操作内容によって変える必要がある。

また，マニュアルの文章について留意すべき事項を以下に示す[1)]。

表 13.2　マニュアルの構成の例

項目名	用途
目次	マニュアル自体の全体構成を示す
概要	対象システムがどのようなものか，全体像を説明する
機能一覧	対象がどのような機能を持っているか，わかりやすくまとめる
機能説明	各機能をそれぞれ説明する
操作説明	特定の目的を達成するための操作手順を説明する
付録	技術情報が必要に応じて見られるようにする

● 構成に関するもの

（a） **重点先行にする**　認知不安の解消。全体を先に知らせる。目的，機能（意味）を先に示す。結論（要約）を先に示す。

（b） **情報構造理解を支援する**　内容だけでなく，情報の構成や重要さなどもわかるように情報の表現方法を設計する。例えば，目次でドキュメントの構成を知らせたり，書体を変えて内容の軽重を知らせたり，文献などの参照情報を入れたりする。

（c） **適切なタイトルをつける**　結論を含めるなど内容をイメージさせることにより，全体を概観させることができる。文字サイズやフォントを変えたり，項番をつけて適切に階層化したりすることにより，情報参照を助けることができる。

（d） **見てわかるレイアウトにする**　情報を入れる外枠を決めたり，情報を入れる出発点と終点を決めたりなど，情報を表示する際の配置をあらかじめ決める。また，一貫したレイアウトにする。さらに情報を詰め込みすぎないことも重要である。

（e） **メリハリをつける**　段落間の空行，句読点や・（中黒）によって，区別を強調する。また，文字フォント，アンダーライン，網掛けなどにより，階層や重要度を強調する。

● 表現に関するもの

（f） **長文にしない**　一文一義，すなわち，一つの意味を一つの文で表現する。あるいは，箇条書きを利用することを検討する。

（g） **ユーザに対する指示を明確にする**　一文一操作，すなわち，一つの操作を一つの文で表現する。操作と結果を分ける（悪例：「電源を入れるとメニュー画面が表示されるので『設定』を選択します」。改善例：「電源を入れてください。そうすると，メニュー画面が表示されます。次に，『設定』を選択してください）。

（h） **わかりやすい文にする**　修飾する語句は修飾される語句の前に書く，主語と述語はできるだけ近くに書くなど，誤解されにくい文にする。

（i） **親しみやすい表現にする**　丁寧な表現にする（例：ですます調など）。

13.1.4 ヘ　ル　プ

ヘルプ（help）とは，HI 操作時にユーザの必要に応じて，操作に必要な情報を提供するユーザ支援技術である。ここで述べるヘルプは，印刷物などではなく，表示画面などの対象 HI と同じ媒体を介して提供するものである。なお，ヘルプには，ユーザ側から支援を求める場合と，ユーザの操作の停滞などを検知してシステム側から支援を提供する場合がある。

ユーザが自発的に支援を求める場合の代表的な例としては，GUI などにおけるメニューのヘルプ項目がある。このヘルプは，目次型と検索型に大別できる。目次型ヘルプは，システムの機能一覧が例えば辞書順に並んでいたり，GUI などの場合にはメニューの表示項目に合わせて階層化されていたりするものである。目次型ヘルプの一例を**図 13.2**（a）に示す。一方検索型ヘルプとは，キーワードを入力して，ヘルプドキュメント内あるいは Web サイトから，該当するドキュメント候補を提示させるのが一般的である。検索型ヘルプの一例を図 13.2（b）に示す。なお，検索型の場合には，曖昧語検索機能や，検索頻度の高い用語を HI 側から提示する機能など，ユーザがキーワードを正確に再現できなくても，検索できることが望ましい。また，目次型ヘルプページに

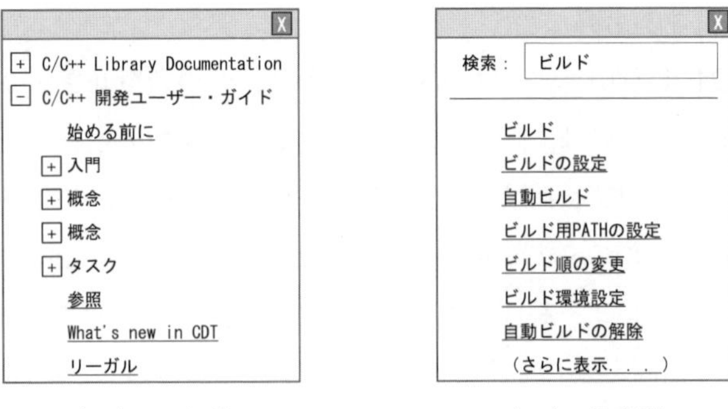

（a）　目次型　　　　（b）　検索型

図 13.2　ヘルプ呼び出し時のダイアログウィンドウの表示例

検索機能も持たせたヘルプが近年は多く用いられている。

一方，HI 側がユーザの操作の停滞を検知して，停滞場所に応じたメッセージを提示し，ユーザの操作を支援する場合がある。例えば，GUI において，ボタンサイズを大きくできない場合には，ボタン内に詳しい説明を書くことができない。このような場合，そのボタン上にマウスカーソルを重ねた状態で一定時間が過ぎると説明が表示される**ツールチップ**（tooltip）を使うことを検討するのが望ましい（**図 13.3**）。

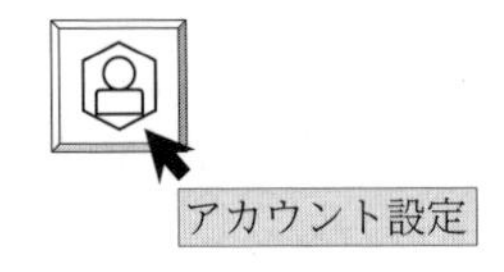

図 13.3　ツールチップの表示例（「アカウント設定」ボタンの場合）

13.1.5　エラーメッセージ

エラーメッセージ（error message）は，ユーザの操作ミスやシステムエラーが発生したときに表示するメッセージである。エラーメッセージには，エラーが発生したという事実，エラーの内容，そしてエラーに対する対処法を記載する必要がある。

エラーメッセージは，速やかかつ正確にわかりやすくユーザに示すべきである。また，決してユーザを責めてはいけない。

対処法が一つのみの場合は，**図 13.4**（a）のように，エラー内容よりもエラーが発生したという事実と対処法を強調し，対処法が複数存在する場合は，図 13.4（b）のように，エラー内容を詳しく表示して対処法の選択はユーザに任せるのが望ましい。

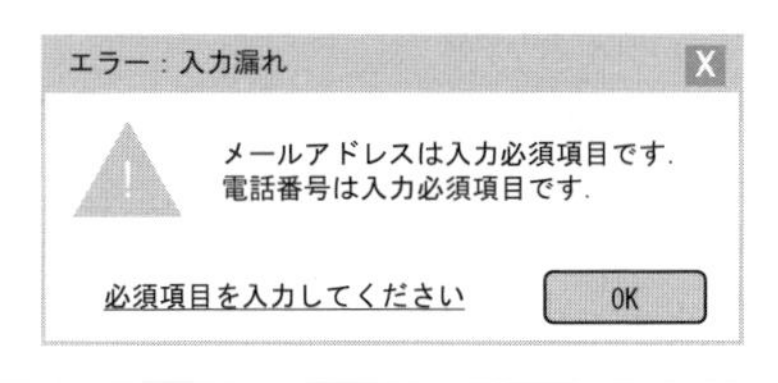

（a） 対処法が一つの場合　　（b） 対処法が三つの場合

図 13.4　エラーメッセージの例

13.2　ユーザの多様性とユニバーサルデザイン

13.2.1　ユーザの多様性

HI を設計する際には，感覚や認知，運動などの身体特性の多様性，文化的な多様性，そして要求の多様性といったユーザの多様性に留意する必要がある。

人の感覚には，2 章で述べたように視覚や聴覚，触覚などがあるが，視覚を例にとると，留意すべき特性を持つユーザには，全盲，弱視，色覚障がいといった何らかの障がいを持つ人に限らず，老眼や近眼などの一般には障がいに分類されない視覚的問題を抱える人も含まれる。認知についても同様に，いわゆる知的障がいを有するユーザに加えて，認知能力が未発達な子供や加齢によって認知能力が低下した高齢ユーザの存在を意識する必要がある。運動については，運動機能障がいに加えて，子供を中心とする身体サイズの相違や，加齢による身体機能の衰えなどが考慮の対象となる。

文化的な多様性には言語や慣習などさまざまなものがあるが，HI の設計に影響する身近な例として日付の標記が挙げられる。日本であれば“YYYY/MM/DD”と年，月，日の順で記述するが，国によっては，“DD/MM/YYYY”と日，月，年の順であったり，“MM/DD/YYYY”と月，日，年の順であったりする。そのため，HIの設計に際しては，並び順を明記したり，入力欄の形式を変更可能にするなどの配慮が望ましい。

要求の多様性は，ユーザのシステム利用目的が異なる場合はもちろんであるが，同じ目的であっても重視する要素が違うため，目的に至る経路が異なる場合も考慮する必要がある。例えば，ワクチン接種予約Webサイトを利用するユーザには，とにかく早くワクチン接種を受けたいユーザも，多少遅れても自宅の近くで接種を受けたいユーザも想定される。このような異なる要求に応えるために，Webサイト側では，日にち優先指定と，場所優先指定の両方に対応したHIが望まれる。すなわち多様な要求に応えるためには，サービス獲得に至るまでの手順や入り口を複数個用意しておくのが望ましい。

13.2.2　ユニバーサルデザイン

ユニバーサルデザイン（universal design）とは，13.2.1項で述べたユーザの多様性をふまえ，できるだけ多くの人にとって使いやすい製品や環境などをデザインすることである。内閣府が定めた「障害者基本計画」[2]には，「あらかじめ，障害の有無，年齢，性別，人種などにかかわらず多様な人々が利用しやすいよう都市や生活環境をデザインする考え方」と記述されている。**バリアフリー**（barrier free）という用語が用いられることもあるが，これは障がいのある人が社会生活をしていくうえで障壁（バリア）となるものを除去するという意味であり，近年では用いられなくなりつつある。

メイスらが唱えたユニバーサルデザインの7原則を以下に示す[3]。

（a）**公平性**　誰でも使えること

（b）**柔軟性**　柔軟な利用が可能であること

（c）**単純性**　単純で直感的であること

（d）**わかりやすさ**　必要な情報が容易にわかること

（e）**安全性**　深刻なエラーを招かないこと

（f）**省力性**　少ない労力で効率的に使えること

（g）**スペースの確保**　適度な広さがあること

以下に，ユニバーサルデザインの事例として広く知られているものをいくつか挙げる。なお，() 内は，メイスの7原則の対応する項目名を示している。

- 入り口の段差を解消するためのスロープ（公平性）
- 十分な広さがあり随所に手すりのついた多機能トイレ（公平性，スペースの確保）
- 触るだけで区別ができるシャンプーの突起（単純性，わかりやすさ）

また，「柔軟性」に対応する事例としては，スマートフォンの画面インタフェースを利き手に応じて切り替える機能が挙げられる。さらに，「安全性」であれば実行した操作を取り消すことができるアンドゥ機能が，「省力性」であれば過去に入力したコマンドを再利用するヒストリ機能がそれぞれ挙げられる。

ところで，現在の情報機器に関するHIでは視覚を介したインタラクションが多いため，視覚に障がいがあるユーザには十分な情報が伝わらない状況を生じやすい。そこで，例えば，色覚障がいを持つユーザには，その障がいの種類に応じて，コントラストを強調したり，色のみによらない表示を用いたりといった工夫が有効な場合がある。**図13.5**の例では，折れ線グラフの違いを線種の違いで表現したり，箇条書きで強調する項目にほかとは異なる行頭文字をつけたりしている。

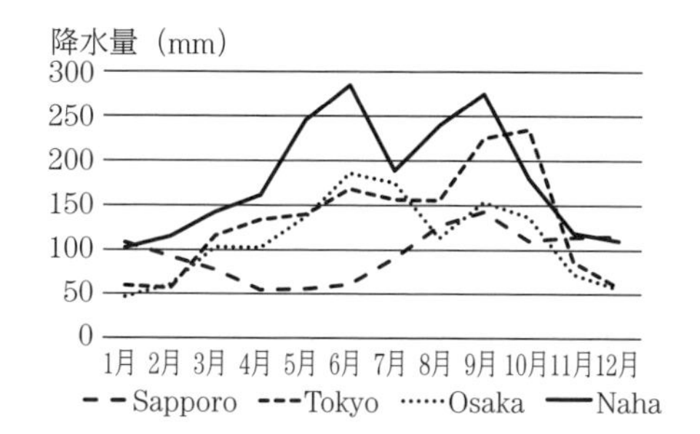

（a）線種を変える

・課題提出方法：オンライン
・課題提出期限：1週間後
★注意：期限後は受けつけない

（b）行頭文字を変える

図13.5　色覚障がいに配慮した表示方法の例

13.2.3　アクセシビリティ

アクセシビリティ（accessibility）という用語は，JISX8341「高齢者・障害者等配慮設計指針」では，「様々な能力をもつ最も幅広い層の人々に対する製品，サービス，環境又は施設（のインタラクティブシステム）のユーザビリティ」と定義されている[4]。HIの立場からは，アクセシビリティは，高齢者や障がいのある人を含むすべての利用者が，情報を得たり，製品を使ったり，サービスを受けたりできることと言い換えられる。

情報機器のアクセシビリティは，ハードウェアだけでなくソフトウェアも深く関連する。例えば，Shiftキーや Ctrlキーを先に押してからほかのキーを押すと同時に押したことになる順次入力機能は，片手で文字を入力するユーザには重要な機能である。ユーザが有する特性や障がいは多様であるため，情報アクセシビリティを実現するためには，複数のインタラクション手段を提供することが基本になる。以下に，主な障がいへの基本的な配慮事項を列挙する。詳細は文献4）などを参照されたい。

- **視覚障がい（全盲）**　音による情報提示（音声読み上げなど）や，画面を見ないでも可能なインタラクション手段を提供にする。
- **視覚障がい（視力や色覚などの制限）**　表示の大きさやコントラスト，色使いなどに配慮し，必要に応じて調整できるようにする。
- **聴覚障がい**　音だけでなく視覚情報（テキストや手話など）でも情報を提供する。
- **運動機能障がい**　キーボードやポインティングデバイスの操作を支援する機能を実装する（順次入力機能など），代替キーボードなどのデバイスを提供する。

また，近年はインターネットの普及により，Webページなどでの情報入手が各種サービスにおいて一般的になったため，**Webアクセシビリティ**（web accessibility）が重要となっている[5),6)]。

例えば，Webページで画像を用いる場合には，スクリーンリーダを使用する全盲や弱視のユーザのアクセシビリティを保障するために，画像にはalt属性をつけることが求められる。**図 13.6** に HTML ソースコードの一部と表示例を示す。さらに，テキスト情報のみからでもページの大まかな内容を知ることができるような配慮も望まれる。

```
<p> 犬，猫，パンダの中であなたが一番好きな動物をクリックしてください </p>
<a href="./dog.html"> <img src="./img/dog.png" alt=" 犬 "></a>
<a href="./cat.html"> <img src="./img/cat.png" alt=" 猫 "></a>
<a href="./panda.html"> <img src="./img/panda.png" alt=" パンダ "></a>
```

（a）　HTML ソースコードの例

犬，猫，パンダの中であなたが一番好きな動物をクリックしてください

（b）　表示例

図 13.6　Web アクセシビリティに配慮したページの例

Web アクセシビリティについては，W3C（World Wide Web Consortium）の WAI（Web Accessibility Initiative）が，アクセシビリティを満たす Web コンテンツ作成のためのガイドラインを策定している[6]。さらに，作成した Web ページがガイドラインに従っているかどうかをチェックするためのツール群を紹介している[7]。しかし，これらを使うだけではなく，実際のユーザに使ってもらうなどの人間が介在した評価も行うことが望ましい。

13.3　公共機器・サービスの HI

公共機器・サービスとは，多様なユーザが共用する機器・サービスのことである。例えば，銀行の ATM，駅の券売機，タッチパネル型の観光案内板などがある。また，駅の自動改札機のように，公共機器・サービスは，一度に多数のユーザが利用する場合もある。以下では，公共機器・サービスの HI について，

多様性に対応する側面，多数のユーザが同時利用する場合に対応する側面，そして長期利用に対応する側面について述べる。

13.3.1　多様性に対する対応

公共機器・サービスの HI を設計する際に考慮すべきユーザの多様性については，13.2.1 項で述べたとおりである。また，ユーザの多様性を考慮したユニバーサルデザインについては，13.2.2 項を参照されたい。

公共機器・サービスは子供からお年寄りまで利用する場合が多いので，身体の多様性だけを取り上げても考慮すべき事項は多い。例えば，飲料の自動販売機において，商品の選択ボタン，金銭の投入口，商品の排出口，およびおつりの排出口は，身長の高い成人であっても無理な姿勢になること無く利用でき，かつ身長の低い子供あるいは車椅子などを利用している人でも手の届くところに設置することが望ましい。

ユーザの知識や経験という認知的あるいは文化的多様性に対応するためには，あらかじめ想定ユーザ層を幅広く考えておく必要がある。例えば，表示する言語についても，漢字を読めないユーザのためにフリガナを振ったり，日本語を理解しないユーザのために多言語に対応したりすることが必要となる場合がある。

また，同じ公共機器・サービスに対しても，ユーザによって優先したい事項，すなわち要求が異なる場合がある。例えば，13.2.1 項で述べた，ワクチン接種予約 Web サイトの例が該当する。

13.3.2　多数のユーザに対する対応

多数のユーザを対象とする公共機器・サービスには，想定されるユーザ数に応じた処理能力が要求される。例えば，駅の自動改札機では，非接触カードを導入することによって，磁気式の切符の場合と同等の乗降客の処理が，より少ない台数の改札機で実現された。

さらに，公共機器・サービスのユーザには一定の割合でサポートが必要な層が存在する。そのため，多数が利用する公共機器・サービスの設計に際しては，サポート可能なユーザ数も意識する必要がある。例えば，ユーザ数1万人に対してスタッフがサポート可能な人数が500人なら，95%のユーザはサポート不要で操作可能なHIになるように設計する必要がある。さらに，その実現のためには，設計だけでなく，プロトタイプなどを用いた事前評価を行うことが望ましい。

13.3.3　長期利用に対する対応

公共機器・サービスには，降雨や粉塵（ふんじん）など機器を設置した環境の要因，ユーザの誤操作，あるいはいたずらによっても故障せず確実に動作する頑強性が要求される。また，実際の長期利用場面では，運用開始後も継続して改善や改良が求められる場合がある。

ハードウェア的な頑強性の一例としては，屋外で利用する公共機器については，防水性および防塵性を備えている必要がある。ソフトウェア的な頑強性の一例としては，セキュリティアップデートを適時行うことが挙げられる。さらに，ソフトウェアについては，OSなどのアップデートにより，利用するソフトウェアが動かなくなる場合もある。このような事態を避けるために，例えばOSにはLTS（Long Term Support）版のものを用いることも考えられる。

運用開始後の改善・改良については，ハードウェアおよびソフトウェアの両面において，定期的な点検，故障発生時の部品交換やソフトウェア改修，さらには問い合わせ状況に応じて公共機器・サービスのHIを修正することが必要である。

なお，公共機器・サービスは，一度運用を開始すると停止することが困難な場合が多い。例えば，銀行の送金サービスなどは，たとえ短期の停止であっても，影響は甚大である。したがって，運用開始後の改善・改良も，機器・サービスを稼働しながら行う場合があることも考慮しておく必要がある。例えば，バックアップ機器・サービスを用意し，故障時だけではなく，改善・改良時にも活用することが挙げられる。なお，バックアップ機器・サービスへの切り替えがうまく行くかどうかは，事前に確認しておく必要がある。

演 習 問 題

13.1　チュートリアル，導入マニュアル，ユーザマニュアル，ヘルプ，およびエラーメッセージとは何かを，それぞれ簡潔に述べよ。

13.2　ユニバーサルデザインとは何かを簡潔に述べよ。

13.3　アクセシビリティとは何かを簡潔に述べよ。

13.4　公共機器・サービスの HI において考慮すべき事項を列挙し，それぞれ簡潔に説明せよ。

発 展 課 題

13.1　悪いエラーメッセージの事例を示し，改善案を示せ。

13.2　Web アクセシビリティの観点から見て問題のある Web ページの具体的事例を挙げ，改善案を示せ。

引用・参考文献

1）海保博之，加藤　隆：“人に優しいコンピュータ画面設計 — ユーザ・インタフェース設計への認知心理学的アプローチ”，日経 BP 社（1992）

2）内閣府：“障害者基本計画 平成 14 年 12 月”（2002）

3）川内美彦：“ユニバーサル・デザイン — バリアフリーへの問いかけ”，学芸出版社（2001）

4）“JISX8341:2016，高齢者・障害者等配慮設計指針 — 情報通信における機器，ソフトウェア及びサービス — 第 3 部：ウェブコンテンツ”，日本規格協会（2016）

5）総務省情報流通行政局情報流通振興課：“公的機関に求められるホームページ等のアクセシビリティ対応”，https://www.soumu.go.jp/main_content/000852141.pdf（2024 年 5 月現在）

6）The W3C Web Accessibility Initiative: “W3C Accessibility Guidelines (WCAG) 2.2”, https://www.w3.org/TR/WCAG22/（2024 年 5 月現在）

7）The W3C Web Accessibility Initiative: “Web Accessibility Evaluation Tools List”, https://www.w3.org/WAI/ER/tools/（2024 年 5 月現在）

14章

ネットワークとHI

本章では，ネットワークを介したコミュニケーションの種類とそれぞれの特徴，課題などについて整理する。さらに，ネットワークを介した共同作業を分類し，それぞれの場面で必要な機能，現実空間における作業との相違や得失などについて述べる。

本章の目的は，ネットワークを介したコミュニケーションや共同作業の現実空間との相違や求められる機能，考慮すべき事項を理解して，適切なHIを考えられるようになることである。

▼ 本章の構成

節・項のタイトル以外のキーワード

- 言語情報，非言語情報
  → 14.2.1項
- フレーミング，相互注視
  → 14.2.3項
- ゲイズアウェアネス
  → 14.2.4項
- 共同編集ツール，WYSIWIS，テレポインタ，プレゼンス，アウェアネス，コンテキスト
  → 14.3.2項

▼ 本章で学べること

- CMCの種類と現実空間との相違，特徴や課題
- CSCWの種類と必要な機能

14.1　ネットワークとHIの関係

情報端末とインターネットの普及により，音楽や動画の配信サービスやオンラインショッピング，さらにネットワークを介したコミュニケーションや共同作業が一般化した。これらの活動は**図14.1**のようにコンピュータやスマートフォンなどの情報端末を介して行われるため，HIはこれらすべての活動に影響を与える重要な鍵となる。ここで，各種サービスの提供はネットワークを介してもHIが大きく変わることはないため，本章ではコミュニケーションや共同作業の場面を対象に，HIの課題や注意点などについて述べる。

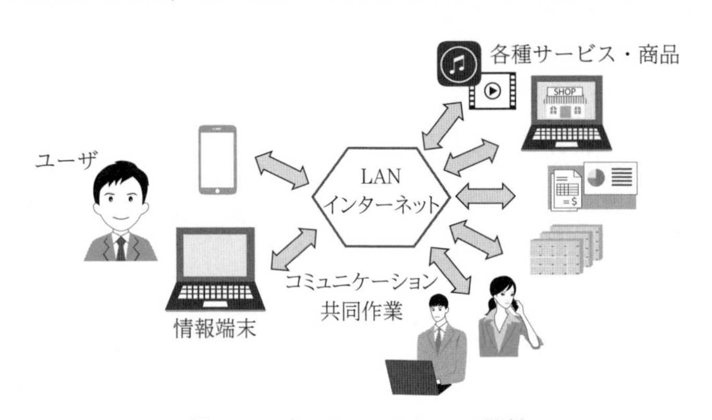

図14.1　ネットワークとHIの関係

14.2　CMC

14.2.1　ヒューマンコミュニケーション

人と人のコミュニケーション，すなわちヒューマンコミュニケーションは，**図14.2**のようにたがいに思考や感情を伝達し合うことであり，そのために言葉や身振りなどの手段が用いられる。なお，文字で表現が可能な情報を**言語情報**あるいはバーバル情報，表情や身振り，声の抑揚などのテキストでは表現できない情報を**非言語情報**あるいはノンバーバル（nonverbal）情報と呼ぶ[1)]。詳細は15.5.1項で改めて述べる。

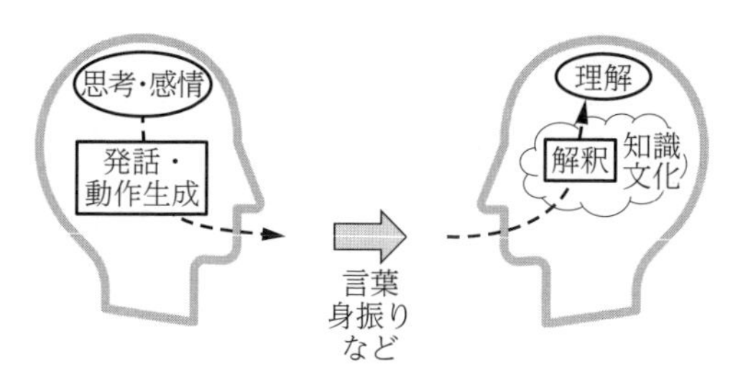

図 14.2 人と人のコミュニケーション（文献 2) を参考に作成）

ヒューマンコミュニケーションにおいて留意すべき第一の点は，伝える側の思考や感情のすべてを言葉や身振りで表現することは困難という点である。第二の点は，受け取る側が，自らが持つ知識や文化さらには習慣や利害なども踏まえて受け取ったメッセージを解釈し理解する点である。すなわち，人と人のコミュニケーションは言葉や身振りなどの符号を介した間接的な情報伝達であり，齟齬（そご）のない意思疎通は容易ではない。

14.2.2 CMC の 種 類

電子メールやテキストチャットなどのコンピュータを介したコミュニケーションは **CMC**（Computer-Mediated Communication）と呼ばれ，いわゆるコンピュータに限らずスマートフォンやゲーム機なども含む情報機器を介したコミュニケーションすべてを指す[3)]。CMC は，言語情報や非言語情報がデジタルデータとして伝送されるだけでなく，HI が介在する点が対面コミュニケーションと大きく異なる。

CMC はさまざまな側面を有するが，コミュニケーションの規模に着目すると，**図 14.3** のように，電子メールやテキストチャット，ビデオチャットのように個人対個人あるいは少人数グループでの利用が中心のものから，大勢のユーザが参加可能な大規模電子掲示板までさまざまなものがある。

コミュニケーション対象に関しても，特定の個人あるいは認証されたユーザや会員などの閉じた集団を対象とするものから，社会的ネットワークの構築を目的とする **SNS**（Social Networking Service）のように参加が比較的容易な開

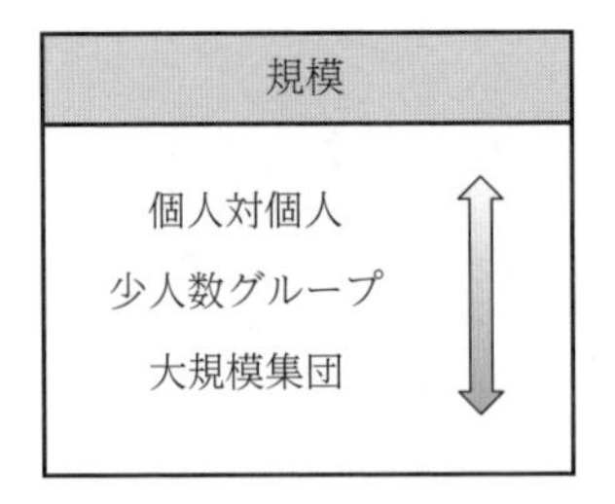

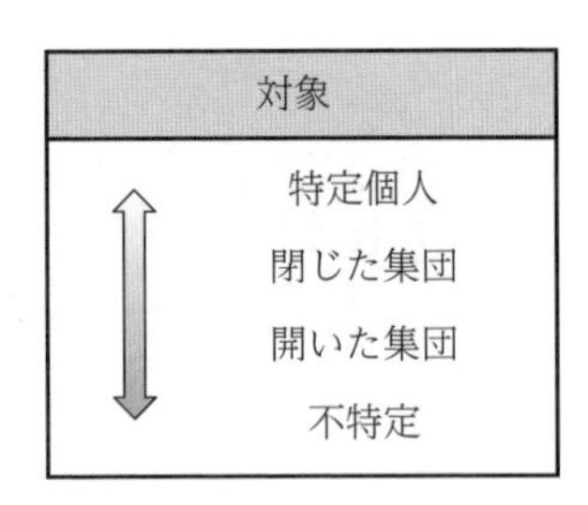

図 14.3　CMC の規模と対象

いた集団を対象とするもの，さらに電子掲示板や blog などの不特定多数のユーザを対象とするものがある。人数の規模が大きくなると，結果として対象が不特定になる傾向がある。

CMC システムは，基本的には，ビデオチャットのようにリアルタイムに双方向コミュニケーションをとる同期型のものと，電子掲示板のようにメッセージを保存する非同期型のものに分類することができる。ただし，テキストチャットのように同期型に近い形で利用される非同期型のものもある。伝送情

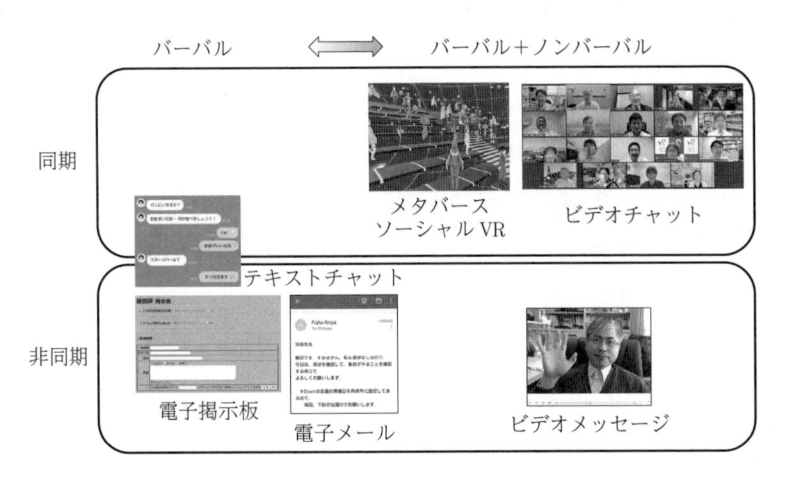

カラー画像はこちら

図 14.4　同期/非同期 CMC システムと伝送情報
（メタバースの例はクラスター（株）提供）

報については，テキストで言語情報のみを伝送するものから，表情やジェスチャなどの非言語情報も伝送可能なものまでさまざまなシステムがある。同期/非同期 CMC システムと伝送情報の関係をまとめたものを**図 14.4** に示す。

なお,テキストチャットや電子掲示板は基本的には言語情報のみであるが,絵文字などによって非言語情報を補完する機能が多くのシステムに実装されている。他方,メタバースあるいはソーシャル VR と呼ばれる VR 空間でアバタを使ってコミュニケーションを取るシステムの多くは,アバタを介して表情やジェスチャを表出する機能を有しているがキーボードやマウスを用いて操作するものが多く,これらはユーザの表情や動作などの非言語情報を直接反映するわけではない。

14.2.3 CMC の特徴と課題

コンピュータが介在するということは，すなわちコミュニケーションのためのテキストや音声などのデータがデジタル化されることを意味する。したがって，CMC は以下のような特徴を有する。

- **記録可能性**　テキストや音声がデジタルデータとして記録・伝送されるため，データとして処理することも可能になる。その結果，単に保存するだけでなく，SNS で発信された情報に基づく流行の分析のように，多数のデータを集約して分析することができる。さらに，自動翻訳のようなシステムによるコミュニケーション支援も可能になる。
- **非同期性**　メッセージの記録と再生が容易であるため，電子メールや電子掲示板など多様な非同期 CMC が実現可能である。非同期 CMC では，メッセージ送信の際に相手の状況への配慮が同期 CMC ほどには必要とされない点が長所といえる。
- **伝送情報の多様性**　テキストや音声に加えて，ビデオや各種データファイルの共有も原理的に可能であるため，コミュニケーションの目的や使用するシステムによっては大きな利点となる。
- **匿名性**　システム設計にも依存するが，匿名でのコミュニケーションが可能であるため，プライバシ保護が求められる用途には有効である。

他方，現状のCMCの課題として，以下が挙げられる。

- **通信遅延**　通信に遅延があると相手の発話や動作が遅れて伝わるため，発話の衝突などが生じやすくなる。国際電気通信連合（ITU）よる勧告では，音声やビデオ通話における遅延は400 msを超えない範囲で短いほうが望ましいとされている[4]。
- **非言語情報の欠落**　テキストベースのCMCでは，表情や声の調子などの非言語情報が欠落するため，時として誤解から**フレーミング**[3]と呼ばれる（一般には炎上と呼ばれることが多い）論争を招くことがある。そこで，機能は限定的であるが絵文字やエモティコン（半角文字を組み合わせて人の表情などを横向きに表現したもの）が広く利用されている。

  ビデオチャットにおいても，図14.4のように参加者を平面的に配置するシステムでは，参加者が3人以上だと適切な**相互注視**（mutual gaze，一般的にはアイコンタクトと呼ばれることが多い）ができず誰が誰を見ているのかわからなくなるなど，非言語情報の一部欠落が発生する。
- **個人情報漏洩や意図しない情報開示の可能性**　画像など多様な情報の伝送は，衣服や背景などから意図せず個人情報を漏洩させる可能性を有しており，さらに漏洩した情報の抹消が困難である点が社会的課題の一つである。
- **責任所在の曖昧化**　匿名発言が可能な点はプライバシ保護に有効である反面，発言責任の所在を曖昧にし，責任を問いにくい点もCMCの大きな課題である。

14.2.4　CMCシステムのHI

CMCシステムのHIには，一般的なGUIのHI設計に加えて，いくつか考慮すべき点がある。CMCの課題として挙げたように，現状のビデオチャットシステムでは各ユーザが空間的な位置関係を持たないため相互注視が成立しない。そのため，3人以上の会話では誰が誰に話しかけているのかわからず混乱することがある。また，現実空間では相手の注視行動から興味の対象に気づくこと，すなわち**ゲイズアウェアネス**（gaze awareness）が可能であるが，一般的なビデオチャットではできない[3),5)]。空間的な位置関係を含むさまざまな非言語情報を伝送可能なシステムやHIの設計が望まれる。

また，CMCは対面コミュニケーションと異なり情報機器の操作が介在するため，必然的に誤操作の可能性が存在する。そのため，間違ったメッセージ送信を一定期間は取り消せるようにするなど，誤操作の回避や修正を可能にするHIが望まれる。

また，課題で述べた個人情報の漏洩や無責任な発言を抑制するHIも望まれる。ただし，その実現のためには情報漏洩の可能性を検知するアルゴリズムなど，システムと一体化した設計と開発が求められる。

14.3 CSCW

CSCW（Computer-Supported Cooperative Work）は，その名のとおりコンピュータによって支援された共同作業を意味する。これに対して，遠隔会議システムや共同文書作成システムなど，CSCWを実現するためのソフトウェアを総称して**グループウェア**と呼ぶ[2),6)]。以下，CSCWを実現するために必要な機能やグループウェアの種類などについて述べる。

14.3.1 共同作業に必要な機能

オフィスなどでは，**図14.5**のように，複数人が一堂に会して議論や文書作成などを協力して行う協調作業場面と，それぞれが分担した業務を行う個人作業場面があり，両場面の間を遷移しながら組織全体の業務が遂行される。そこで本書では，これらの場面をまとめて広義の共同作業として扱う。なお，協調作業場面は構成員が同期して行う共同作業，個人作業場面は非同期での共同作業と考えることもできる。

協調作業場面では，リアルタイムでの対話すなわち同期コミュニケーションのための機能と，文書の作成や編集あるいは作図などの目的業務を協力して遂

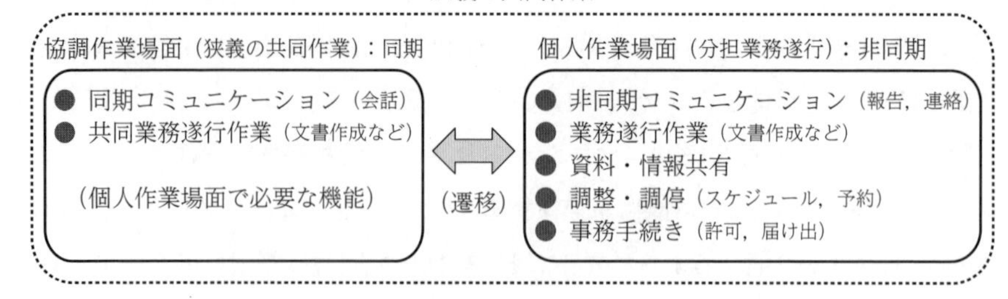

図 14.5　共同作業における二つの場面と必要な機能

行するための機能の二つが求められる。

個人作業場面では，リアルタイム性の低い報告や連絡などのための非同期コミュニケーション機能や，各人が自らの業務を遂行するための機能，業務のための参考資料や作業の進捗状況などの情報を共有する機能，会議室や装置などの共有資源の要求を調停する機能，出張や物品購入といった事務手続のための機能などが必要とされる。また，これらの機能の大半は協調作業場面においても必要とされる。

次項以降では，それぞれの機能をコンピュータによって支援するうえでの課題や解決方法などについて述べる。

14.3.2　グループウェア

CSCW環境は，時間軸と空間軸に基づいて**表 14.1** のように分類することができる[2)]。そのため，CSCWを実現するグループウェアにも，環境によって異なる機能が求められる。ただし，この分類は説明のための便宜上のものであり，

表 14.1　時間と空間に基づくCSCW環境の分類

		空間	
		分散	共有
時間	非同期	非同期分散	―
	同期	同期分散	同期対面

スケジュール管理のように非同期分散環境のために設計されたシステムは，同期対面作業でもしばしば使用される。また，同じ場所で非同期に共同作業を行う場合は，基本的には異なる場所で行う場合と変わらないため，以降では，表中に示した三つの環境について述べる。

（1）非同期分散環境

各人が分担した作業を行うことでチーム全体として共同作業を進めるためには，それぞれが自らの作業を遂行するとともに，その結果をたがいに共有し，さらに他者の作業結果に対して修正を加えたりコメントしたりする機能が求められる。これらの機能を実現し，文書やプログラムなどさまざまなものを対象にオンラインで共同執筆・編集するためのソフトウェアが開発されている。本書ではこれらをまとめて**共同編集ツール**と表記する（文献6）では分散エディタと表記されている)。共同編集ツールでは，複数人が並行して作業すると不整合が生じる可能性があるため，作業箇所の他者による編集を一時的に禁止する機能や，データを編集前の状態に戻す機能を持つことが求められる。

電子メールなどのメッセージ保存機能を有する非同期コミュニケーションは，時差などの理由で勤務時間が異なるチームにおいて特に有効である。また，非同期コミュニケーションは基本的に即時の応答を求めないため，各作業者が自身の作業に集中できるようにするうえでも重要である。

ほかにも，チームで業務に取り組むためのツールには，資料を共有するためのファイル共有，関連情報やメンバの予定，作業状況などを共有する電子掲示板や共有カレンダなどの情報共有ツール，出張や物品購入の承認手続などを行うワークフロー管理ツール，会議室や機材の予約システムなどメンバの要求を調停するツールなどがある。これらをまとめたものを以下に示す。

- 共同編集ツール
- 非同期コミュニケーションツール
- 情報共有ツール
- ワークフロー管理ツール
- 調停ツール

ただし，実際のツールは複数の機能を兼ね備えている場合が多く，さらに，これらは排他的ではなく相補的に利用されるため，ツール間の連携が重要である。そのため，グループウェアの名称は単体のアプリケーションではなく，アプリケーション群に対して使用されることも多い。

（2） 同期分散環境

複数人が一斉に協調して作業する同期共同作業場面では，非同期分散環境で必要な機能に加えて，共同編集を同期して行う機能と同期コミュニケーション機能が求められる。

同期共同編集では，複数の作業者が同時に作業しても矛盾しないこと，すなわち作業の整合性がより重要になる。そのためには，まず，**図 14.6**(a)のように，各作業者が見ている対象が完全に一致している必要がある。これを **WYSIWIS**(What You See Is What I See)と呼ぶ[2)]。さらに，図 14.6(b)のように，**テレポインタ**[5)]などによって遠隔地にいる誰がどのような作業しているのかの認識を支援することで，作業が競合する可能性が減少するとともに各作業者の負荷も低減される。

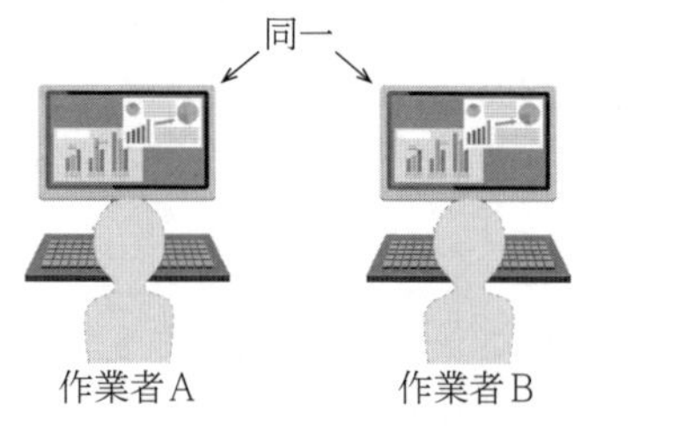

（a） WYSIWISの概念

ほかのユーザのテレポインタ

13.1　ネットワークとHI

情報端末とインターネットの普及により，音楽や動画の配信サービスやオンラインショッピング，さらにネットワークを介したコミュニケーションや共同作業が一般化した．これらの活動は図13.1のようにコンピュータやスマートフォンなどの情報端末を介して行われるため

Shibuya　Fujita

（b） テレポインタ

図 14.6　WYSIWISの概念とテレポインタ

同期コミュニケーションシステムには，音声チャットやビデオチャットなどのシステムが該当する。近年では，非同期と同期コミュニケーション両者の機能を持ち，容易に遷移できるシステムも開発されている。ここで注意すべきは，協調作業時には，**図 14.7** のように作業のための空間と会話のための空間が存在する点である。

図 14.7(a)のような対面環境では，作業空間と会話空間が連続しているため「あ

（a） 対面環境

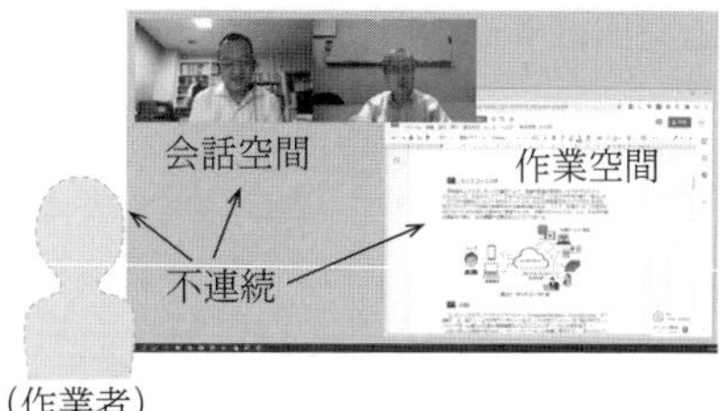

（b） 分散環境

図 14.7 協調共同作業における作業空間と会話空間

れ」「それ」などの指示代名詞や指さしによる指示に加え，相手の注視行動によるゲイズアウェアネスが可能である。したがって，図 14.7（b）のような分散環境においても作業空間と会話空間が連続し両者が空間的に整合していることが望ましいが，これを実現しようとするとシステムが大がかりになる点が現在の課題である。

また，実際のオフィスと同様に，個人作業と協調作業の間の円滑な移行を支援する機能も重要である。対面オフィス環境では，個人作業をしている間も他者の存在（**プレゼンス**）や忙しさ，周辺の環境などに関するさまざまな気づき（**アウェアネス**）を通して，たがいに作業全体や相手の状況を共有している[2),5)]。したがって，分散環境で個人作業をしている間も継続的に在席や作業状況のアウェアネスを共有することで，相手や環境に関する文脈（**コンテキスト**）の把握が可能になり，円滑なコミュニケーションひいてはコラボレーションが実現されると考えられる。そこで，在席のアイコン表示や画質を低下させた作業状況画像の伝送などさまざまなシステムが研究開発されているが，アウェアネス共有に際しては，プライバシや情報過多による作業阻害への配慮も必要である。

（3） 同期対面環境

同期対面環境のためのシステムには，いわゆる電子会議室システムなどが該当し，大型画面を用いて参加者全員で作業対象を見ながら，議論や意思決定，編集などを行う利用形態が多い。

対面環境では直接会話が可能であるため，システムが支援するのは情報共有と共同編集が中心になる。そのため，同期分散環境と同様に，情報の一貫性や他者作業の認知の支援などが求められる。中でも，大型画面を複数人で利用する環境では，通常のホワイトボードと同様に複数ユーザが同時に書き込めることが望ましい。

なお，本書では紙面の都合で概要にしか触れられないため，CSCW やグループウェアの詳細や歴史に関しては本章で引用した書籍などを参照されたい。

14.3.3　リモートワーク・テレワーク

リモートワークや**テレワーク**の語は，情報通信機器などを活用して時間や場所の制約を受けず柔軟に働く労働形態を意味する[7]。テレワークには，**図 14.8** のように自宅で働く在宅勤務，外出先などで働くモバイルワーク，共有オフィスなどで働くサテライトオフィス勤務の三つの形態があり，状況に応じて使い分けることも可能である。テレワークは，場所や時間が異なる相手との共同作業を含め多様な働き方を可能にすることで，個人だけでなくチームや組織全体のパフォーマンスも向上するものと期待されている。

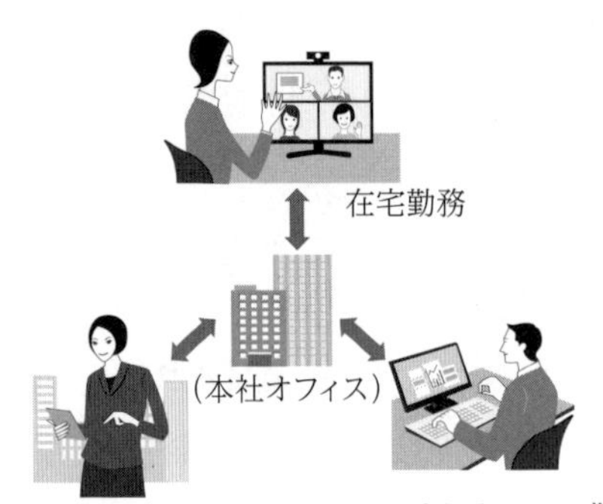

図 14.8　テレワークの 3 形態

企業などの組織でテレワークを実施するためには，必要な機能に応じて 14.3.2 項で述べた同期および非同期分散環境のためのグループウェアを組み合わせて利用することになる。しかし，分散環境では対面環境よりもチームメンバ間のアウェアネスが不足しがちになるためコミュニケーション頻度が低下する。さらに，14.2 節で述べたように非言語情報が欠落する問題もあるため，密な意思疎通は必ずしも容易ではない。その結果，関係構築の困難や相互支援の不足，成果評価の問題などを生じる場合があることが指摘されており，これらを軽減する HI が望まれる。

演 習 問 題

14.1　CMC の特徴と課題を簡潔に述べよ。

14.2　CSCW 環境を時間軸と空間軸で分類せよ。

14.3　WYSIWIS の概念および WYSIWIS が求められる場面とその理由を説明せよ。

14.4　アウェアネスとは何か。CSCW においてアウェアネスが必要になる理由を説明せよ。

14.5　テレワークの 3 形態を挙げ，簡潔に説明せよ。

発 展 課 題

14.1　現在の CSCW やテレワークにおける課題を調査し，改善方法を提案せよ。

引用・参考文献

1)　黒川隆夫：“ノンバーバルインタフェース”，オーム社（1994）*

2)　石井　裕：“CSCW とグループウェア”，オーム社（1994）

3)　松尾太加志：“コミュニケーションの心理学 ― 認知心理学・社会心理学・認知工学からのアプローチ”，ナカニシヤ出版（1999）

4)　“One-Way Transmission Time”, ITU-T Recommendation G.114 (2003)

5)　岡田謙一ほか：“ヒューマンコンピュータインタラクション”，オーム社（2002）*

6)　垂水浩幸：“グループウェアとその応用 ― ネットワークとマルチメディアトラック”，共立出版（2000）

7)　厚生労働省，総務省：“テレワークについて”，テレワーク総合ポータルサイト，https://telework.mhlw.go.jp/telework/about/　(2024 年 5 月現在)

*は複数章引用文献

15章

WIMPの先のHI

本章では，WIMP型を基本とするGUIに留まらない近年のHIを紹介するとともに，その理念や実現方法，課題などについて述べる。さらに，情報技術が社会に及ぼす影響とHIに求められる機能について論じる。

本章の目的は，最新のHIとそこに込められた理念や実現方法を知ることで，従来型のGUIに留まらないHIや社会を学習者自身が考案できるようになることである。

▼ 本章の構成

15.1　WIMP型HIからの展開

15.2　モバイル環境とHI

15.3　ユビキタス環境におけるHI

15.4　バーチャルリアリティと拡張現実

15.4.1　バーチャルリアリティ

15.4.2　拡 張 現 実

15.5　非 言 語 情 報

15.5.1　非言語情報の種類と機能

15.5.2　擬人化インタフェース

15.6　情報技術と社会とHI

節・項のタイトル以外のキーワード

- モバイルコンピュータ，ウェアラブルコンピュータ → 15.2節
- ユビキタスコンピューティング，IoT → 15.3節
- メタバース，VR酔い → 15.4.1項
- メタコミュニケーション機能 → 15.5.1項
- ヒューマンエージェントインタラクション → 15.5.1項
- クラウドソーシング，フィルタリング → 15.6節

▼ 本章で学べること

- HIに関する近年の動向
- HIにかかわる技術者やデザイナが考えるべきこと

15.1 WIMP 型 HI からの展開

コンピュータの小型化や入出力デバイスの発展により，スマートフォンをはじめとする従来とは異なる形態での利用を可能にする情報機器が登場した。そこで本章では，机に向かってキーボードやマウスを用いて利用する WIMP 型の GUI からさらに発展した，あるいは異なる概念に基づいて設計されたさまざまな HI の種類や特徴などについて述べる。

15.2 モバイル環境と HI

据え置き型のコンピュータに対して，ユーザが持ち歩ける形のものを**モバイルコンピュータ**（mobile computer）やモバイル機器と呼ぶ。ノート型のコンピュータだけでなく，スマートフォンや携帯ゲーム機など，持ち歩くことが可能な情報機器が広く含まれる。さらに，ユーザが身につけて持ち歩きながら使用することが可能な情報機器を**ウェアラブルコンピュータ**（wearable computer）と呼び，**図 15.1** のように腕時計型や眼鏡型，衣類組み込み型などさまざまな形態のものが開発されている[1)]。

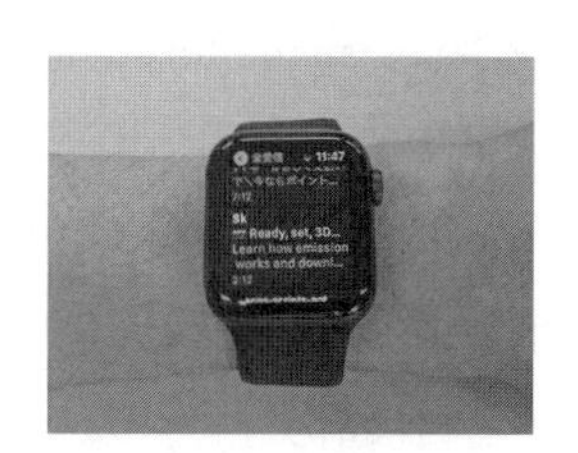

図 15.1 ウェアラブルコンピュータの例（腕時計型）

モバイル/ウェアラブルコンピュータの大半は WIMP 型の GUI を基礎とするが，いくつかの点で大きく異なる。入力側の第 1 の特徴は，多くの機器が物理的なキーボードを持たない点である。そのため，テキスト入力にはソフトウェアキーボードや音声認識などが利用される。第 2 の特徴は，加速度や位置，生体信号などを計測する多様なセンサを有している点である。そのため，ユーザの意図的操作によらない自動的なユーザの行動や状態，周辺環境などの計測が可能になる。出力側の特徴は，情報を表示する画面が小型あるいはないことである。

利用面での特徴は常に持ち歩けることによる利便性であり，特にスマートフォンなどの通信機能を持つ機器は，場所にかかわらず情報にリアルタイムにアクセスできる点が大きな利点となる。さらに，センサを有する端末を持ち歩くことからユーザの状態の常時計測や記録が可能になるため，健康管理をはじめとするさまざまなサービスが可能になった。

他方，モバイル/ウェアラブル装置は画面が小さいため，表示が画面からはみ出したり，文字が小さすぎて読めないといった問題を生じることがある。入力に際しては，隣のアイコンとの間隔が狭いことによる誤タッチが発生しやすい。そのため，HIの設計に際しては文字入力を極力減らすなどの配慮が望まれる。また，使用するデバイスによって画面サイズや解像度が異なる点にも留意する必要がある。

15.3　ユビキタス環境におけるHI

ユビキタスコンピューティング（ubiquitous computing）は，コンピュータによる情報処理が日常生活のあらゆる場面に溶け込んで表面的には見えなくなった状態を指す，ワイザー（M. Weiser）が提案した概念である[2)]。近年では，スマートスピーカやスマート家電，**IoT**（Internet of Things）技術[3)]の普及によって，あらゆるものが情報化あるいはネットワーク化された環境といった広範な意味に解釈されている。

図15.2のイメージ図のような理想的なユビキタス環境を実現する，すなわち一般的な家庭用品や事務用品を人とコンピュータの接点とするためには，適切なセンサやアクチュエータに加えて，小型で省電力なコンピュータやそれらを接続するネットワークなどが必要である。

ユビキタス環境では多様な装置がHIデバイスとして機能するため，必然的

図 15.2 ユビキタス環境のイメージ

に HI の様式も多様化する。また，物理的に存在するものだけでなく，音声やジェスチャなども利用される。さらに，センサや情報出力装置が多数で種類も多岐にわたるため，多様な情報が分散して存在する。したがって，個々のサービスや機器が競合することなく，環境全体として整合性のある HI を実現するためには，個々のセンサ情報を統合してユーザの状態を推定し，適切な情報やサービスを判定するアルゴリズムが求められる。また，ユーザによって環境が異なるため，HI の個人適応や環境適応もより重要になってくる。

15.4 バーチャルリアリティと拡張現実

シミュレーション技術やセンシング技術，情報提示デバイスの発展により，バーチャルリアリティや拡張現実などの技術が一般化しつつある。そこで本節では，これらの技術を構成する基本要素に言及するとともに，HI の視点から注意すべき点などを述べる。

15.4.1 バーチャルリアリティ

バーチャルリアリティ（Virtual Reality, VR）は，物理的にはその場に存在しない環境が，ユーザにとっては存在しているのと実質的に同等の状態を作り出すこととされている[4]。そのためには，まず，ユーザが視覚や聴覚，触覚などの感覚を介して，言い換えると，映像や音，物体からの反力などの物理情報を媒体としてVR環境の存在を感じられる必要がある。さらに，ユーザがVR環境と実時間でインタラクションできること，すなわち，ユーザがVR環境に対して何らかの操作を行ったときには，その結果が即座に反映される必要がある。したがって，VR環境は以下の三つのサブシステムによって実現される（**図15.3**）。

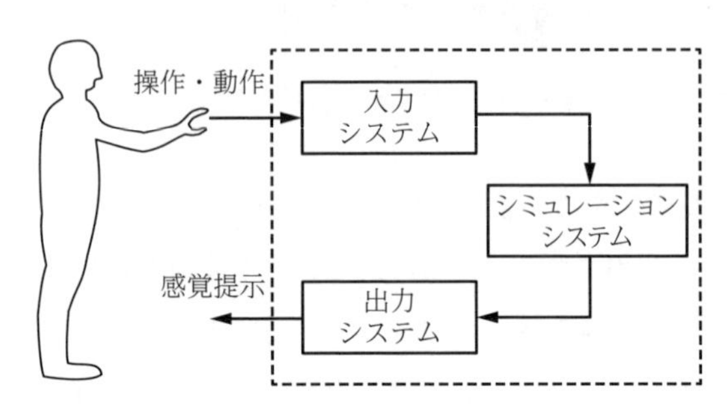

図15.3　VR環境を実現するための三つのサブシステム

- **入力システム**　ユーザの意図的な操作や無意識の動作を計測するための，3次元トラッキング装置をはじめとするセンサ類で構成される。カメラなどの光学式や磁気式，機械式などの装置があり，計測対象も手などの特定箇所を計測するものから全身を計測するものなど多様である。
- **シミュレーションシステム**　VR環境をシミュレートするためのソフトウェアで，物理法則に基づいて物体の運動をシミュレートする剛体物理シミュレータが広く利用されている。運動以外にも，物体の変形など多様なシミュレータが研究開発されている。衝突音のように現在の技術では実時間シミュレーションが困難な場合には，記録再生型の方式が利用されることもある。
- **出力システム**　ヘッドマウントディスプレイ（Head Mounted Display, HMD）や力覚提示装置など，ユーザの感覚器に働きかけるためのデバイスと，そのデバイスを駆動するためのソフトウェアで構成される。なお，出力には，2章や3章で紹介した人の生理・心理的特性が利用されている。例えば，HMDは左右の目に異なる映像を提示することで両眼視差を実現し，映像を立体的に見せている。

VR はデータに基づいてユーザの周辺に環境を構築する技術であるため，**図 15.4** のようにエンタテインメントや教育・訓練，デザインをはじめ，情報の可視化や遠隔操作などさまざまな分野への応用が試みられている。近年では，HMD やトラッキング装置などのデバイスの低価格化と無料の開発環境の普及を背景に，VR キャラクタを用いたコンテンツのユーザ自身による作成が一般化しつつある。さらに，ネットワークを介して複数のユーザが VR 空間を共有し社会活動を行う，**メタバース**（metaverse）あるいはソーシャル VR と呼ばれるサービスも普及が進んでいる。

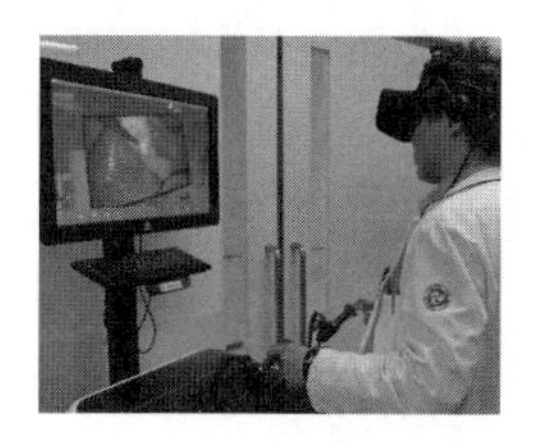

（a） 手術訓練（名古屋大学メディカル xR センター提供）

（b） 設計確認（(株) ソリッドレイ研究所提供）

（c） メタバース（クラスター（株）提供）

カラー画像はこちら

図 15.4　VR の応用分野の例

VR 環境のユーザビリティは，ユーザ動作のトラッキング性能や感覚提示デバイスの特性の影響を強く受ける。さらに，VR では複数の感覚を介してユーザと環境が相互作用するため，システム遅延時間の相違などによって，視覚と前庭感覚などの感覚間でずれを生じると，違和感や **VR 酔い**（サイバーシックネスとも呼ばれる）を生じる場合がある[5)]。同様に，ユーザが持っているメンタルモデルと VR 環境の挙動の相違も違和感につながる場合があるため，これらに留意してシステムを設計する必要がある。

15.4.2 拡張現実

拡張現実（Augmented Reality, AR）は，ユーザを取り巻く現実環境に情報を付加する，あるいは現実環境の一部を強調・削除する技術である[6)]。概念としてのARは視覚に限らず触覚や聴覚を対象とするが，現段階では主に視覚のARが研究開発されている。視覚のARを実現するためには，現実空間と情報を重畳表示する必要があり，**図15.5**のように，半透明なディスプレイに情報を表示する光学シースルー方式，現実空間をカメラで撮影して情報と一緒に表示するビデオシースルー方式，プロジェクタを用いて現実空間に情報を投影するプロジェクション方式などが開発されている。なお，プロジェクション方式ARは，最近はプロジェクションマッピングの名称で商業利用されている。

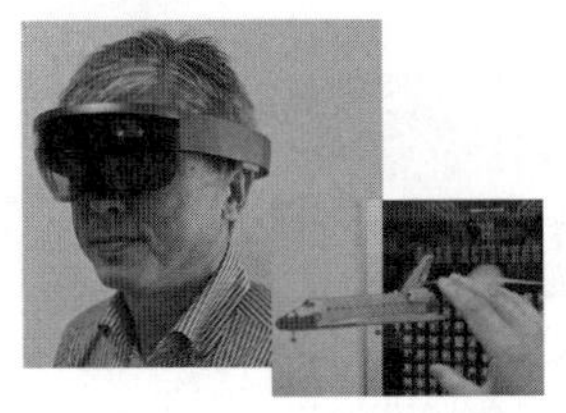

（a）光学シースルー方式

（b）ビデオシースルー方式

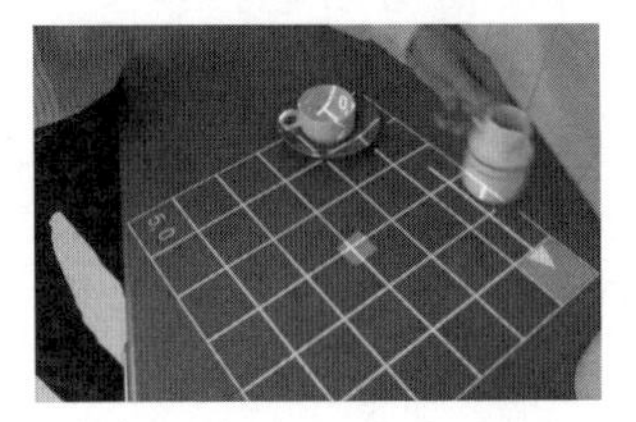

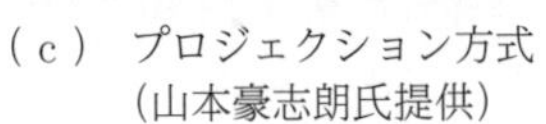

（c）プロジェクション方式
（山本豪志朗氏提供）

カラー画像はこちら

図15.5　ARの例

ARを利用することで，経路情報や補足情報などの現実空間への重畳表示に加えて，現実空間を改変して表示することが可能であるため，ナビゲーションや機器整備や手術の支援に加えて建築や教育・訓練などへの応用が試みられている。

図 15.6 にビデオシースルー方式の場合の AR の実現方法の例を示す。現実空間に存在する物体に対して適切に重畳させてバーチャル物体などの情報を表示するためには，対象物体を認識してユーザとの相対的な位置関係を推定し，ユーザすなわち視点を基準とした位置に実物体との重なりなどを考慮してバーチャル物体を描画する必要がある。2 次元バーコードなどを用いてバーチャル物体の表示位置を指定する場合もあり，近年では AR を実現するさまざまなソフトウェアツールが公開されて，ユーザ自身による AR コンテンツの開発も増えている。

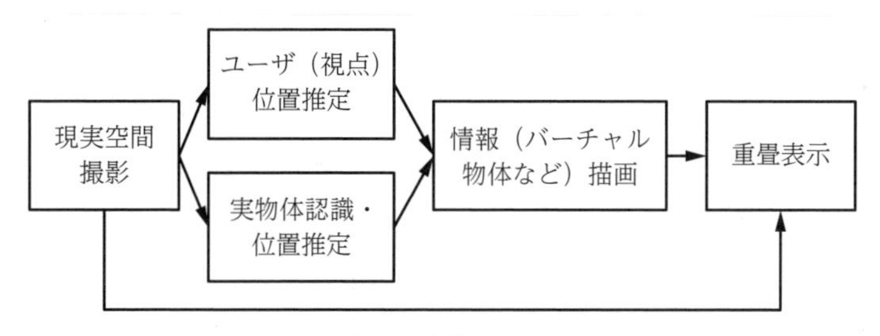

図 15.6　ビデオシースルー方式で実物体に重畳させてバーチャル物体を描画する場合のシステム構成の例

AR は現実空間に合わせて情報を付加する必要があり，かつ，システムもユーザと一緒に運動する場合が多いため，3 次元トラッキングが重要な要素技術となる。HI の視点では，VR 環境と同様に感覚間のずれやユーザのメンタルモデルと VR 環境のずれを低減することに加えて，重畳される情報や VR 環境の位置や見た目を適切に現実空間と整合させることが求められる。

15.5 非 言 語 情 報

15.5.1 非言語情報の種類と機能

14.2 節で述べたように，表情や身振り，声の抑揚などのテキストでは表現できない情報を非言語情報と呼ぶ。主な非言語情報を，エクマン（P. Ekman）による分類を参考に整理しなおしたものを**表 15.1** に示す。

表 15.1　非言語情報の種類（文献 7）を改変）

種類	具体例
身体動作	身振り，表情，視線，姿勢
空間的関係	距離，位置関係
対人接触	抱擁，握手
周辺言語	アクセント，抑揚，発声法
装飾	衣服，装飾品，化粧
身体特徴	体格，体型，容貌，皮膚，頭髪
生理現象	あくび，発汗

われわれは，身体動作をはじめとするさまざまな非言語情報を用いて，意図的あるいは無意識に，ものの形や大きさなどの具体的な情報や，感情をはじめとする心的情報を他者に伝達している。さらに，受け取る側は，声の抑揚や装飾品，さらに身体特徴などから相手の出身や職業などのさまざまなバックグラウンド情報も同時に読み取っている。また，うなずきによる同意の表現や視線による発話の要求などの会話を制御する機能は，**メタコミュニケーション機能**（meta-communication function）と呼ばれる[7)]。

非言語情報の中でも特に身体動作は多様な機能を有しており，以下の五つに分類して考えることができる[7)]。

- **標識（エンブレム）**　語彙の代用として使用される。
  例：OK，静かに，お金
- **例示子（イラストレータ）**　発話内容の強調や補足。対象の指示動作を含む。
  例：こんな形，このくらい，あれ
- **情感表示（アフェクト・ディスプレイ）**　感情に伴う表情や身振りなど。
  例：笑い顔，しかめっつら，バンザイ
- **調整子（レギュレータ）**　メタコミュニケーション（会話の制御）機能。
  例：うなずき，見つめる，視線をそらす

● **適応子（アダプタ）**　状況に適応するための動作。

例：てあそび，髪の毛いじり，貧乏ゆすり，頭をかく

ただし，注視のように複数の機能を持つ動作も多数存在する点に注意が必要である。**図 15.7** に主な例を示す。

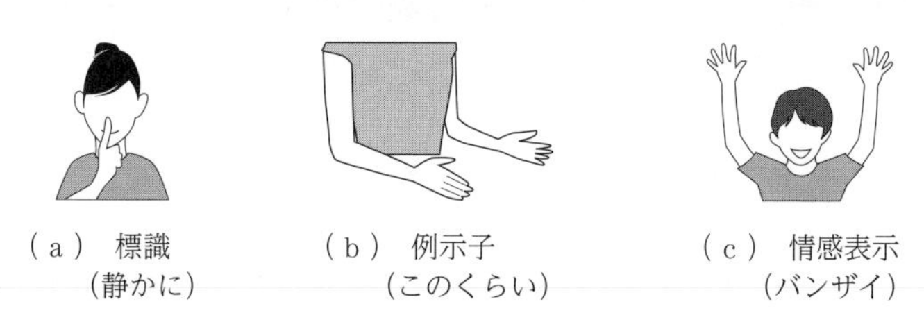

（a） 標識（静かに）　（b） 例示子（このくらい）　（c） 情感表示（バンザイ）

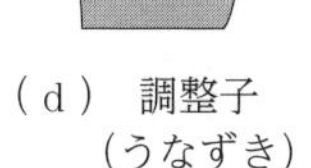

（d） 調整子（うなずき）　（e） 適応子（貧乏ゆすり）

図 15.7　身体動作の五つの機能の例

非言語情報の HI への応用の例として，次項で述べる擬人化インタフェースが挙げられる。また，将来的には，動作や音声などの非言語情報からユーザの心的状態や欲求を推定することで適切なサービスを提供できる可能性が期待され，さまざまな研究が行われている。

15.5.2　擬人化インタフェース

ロボットや CG キャラクタのように，外観や機能に人とある程度の共通性を持つデバイスや CG 表示を介したインタフェースを，本書では**擬人化インタフェース**と表記する（擬人化エージェントと表記されることもある[8]）。GUI や CLI と異なり，前項で述べた非言語情報が持つさまざまな機能が利用できる点が長所の一つである。

非言語情報は人が日常のコミュニケーションで利用している情報であるため，機能や操作方法の説明が簡略化できる。そのため，**図 15.8**（a）のように，

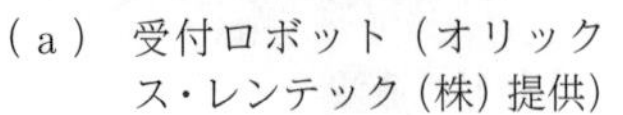
（a） 受付ロボット（オリックス・レンテック（株）提供）

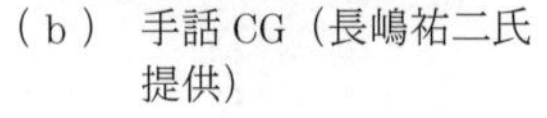
（b） 手話CG（長嶋祐二氏提供）

カラー画像はこちら

図15.8 擬人化インタフェースの利用例

専門知識を有さないユーザを対象とする案内用KIOSK端末や受付ロボットなどへの応用が進みつつある。また，アナウンサや手話通訳のように，従来は人が行っていた業務のCGキャラクタによる置き換えなども試みられている（図15.8（b））。なお，人と擬人化されたエージェントやロボットとのインタラクションは，**ヒューマンエージェントインタラクション**（Human-Agent Interaction, HAI）あるいはヒューマンロボットインタラクションと呼ばれる。

ロボットやCGキャラクタをHIに利用するためには，非言語情報の出力と同時に，入力機能や言語情報の出力機能も実現する必要がある。そのためには，対人の場合と同様の自然言語インタフェースの利用が自然であるが，6.3.4項で述べたように，自然言語インタフェースの冗長性や不確実性に留意して設計する必要がある。また，擬人化インタフェースでは，人らしい外観で機械的な身体動作や発話を行うような外観と挙動の不整合が違和感につながることがあるため，外観や挙動を整合させることが望まれる。

15.6 情報技術と社会とHI

情報技術が社会のさまざまな場面に浸透するに従って，技術と人の接点であるHIも多様性を増している。VRやAR，擬人化エージェント，ユビキタスコンピューティングなどの技術の進歩は，コンピュータの存在やHIの操作を意識する必要がない，いうなれば透明なHIを実現し，考えなくとも直感的に利用できる，さらには意識しなくてもサービスが提供される社会の実現につながるものと期待される。

インターネットは，SNSやオンラインゲーム，オンラインフォーラムのように物理的な距離や規模の制約を受けないコミュニティの成立を可能にした。さらに，14.3.3項で述べたテレワークや電子商取引は通勤や外出が困難な人々に労働や購買の機会をもたらし，不特定の労働者にオンラインで業務を発注する**クラウドソーシング**（crowdsourcing）[9]や多数の市民が出資者となるクラウドファンディング（crowdfunding）は，従来とは異なる形での働き方や経済活動を実現しつつある。立場や嗜好などの特性が異なる多様なユーザが時には非同期にかかわるため，HIにも社会科学的視点が求められる。

人工知能技術は，ユーザの嗜好を反映した情報やサービスの提供，迷惑メールなどの虚偽や不適切な情報を自動的に排除する**フィルタリング**，自動車をはじめとする各種機械の操作支援や自動化などを実現しつつある。これらの技術においては，例えば自動運転システムによる追い越しの事前予告のように，ユーザがシステムの介入や挙動を適切に認知できることや，ユーザの操作や特性をシステムが適切に反映できること，すなわち人とシステムの連携がより重要になってくる。

すなわち，人と情報技術，さらには情報技術を介して人と人の間をつなぐHIの進歩が人と技術の調和を可能にし，ひいては多様なユーザにとって快適・便利で安全・安心な社会の実現につながるものと考えられる。

演 習 問 題

15.1　ワイザーが提唱したユビキタスコンピューティングの概念を説明し，ユビキタス環境のHIにおいて留意すべき点を述べよ。

15.2　VR環境を実現するためのサブシステムと，VRシステムを設計する際に留意すべき点を挙げよ。

15.3　ARの定義を簡潔に述べよ。

15.4　メタコミュニケーション機能を有する非言語情報を挙げよ。

発　展　課　題

15.1　今後の情報技術の発展を予測し，より望ましい社会に向けて求められるHIを考察せよ。

引用・参考文献

1）S. Mann: “Wearable Computing: A First Step toward Personal Imaging”, Computer, 30, 2, pp.25-32 (1997)
2）M. Weiser: “The Computer for the Twenty-First Century”, Scientific American, pp.94-104 (1991)
3）C. R. Schoenberger: “The Internet of Things”, Forbes Magazine (2002)
4）日本バーチャルリアリティ学会 編：“バーチャルリアリティ学”，日本バーチャルリアリティ学会（2011）
5）J. J. LaViola: “A discussion of cybersickness in virtual environments”, ACM SIGCHI Bulletin, 32, 1, pp.47-56 (2000)
6）蔵田武志ほか：“AR（拡張現実）技術の基礎・発展・実践”，科学情報出版（2015）
7）黒川隆夫：“ノンバーバルインタフェース”，オーム社（1994）*
8）岡田謙一ほか：“ヒューマンコンピュータインタラクション”，オーム社（2002）*
9）J. Howe: “The Rise of Crowdsourcing”, Wired, 14, 6, pp.176-183 (2006)

*は複数章引用文献

索　　　引

——著者略歴——

藤田　欣也（ふじた　きんや）
1983年　慶應義塾大学工学部電気工学科卒業
1985年　慶應義塾大学大学院工学研究科電気工学専攻修士課程修了
1988年　慶應義塾大学大学院理工学研究科電気工学専攻博士課程修了，工学博士
　　　　相模工業大学専任講師
1992年　東北大学助手
1994年　岩手大学助教授
1999年　東京農工大学助教授
2003年　東京農工大学教授
　　　　現在に至る

2020年　ヒューマンインタフェース学会会長（～2022年）

渋谷　雄（しぶや　ゆう）
1985年　大阪大学工学部通信工学科卒業
1987年　大阪大学大学院工学研究科通信工学専攻博士前期課程修了
1990年　大阪大学大学院工学研究科通信工学専攻博士後期課程修了，工学博士
　　　　京都工芸繊維大学助手
1994年　京都工芸繊維大学講師
1999年　京都工芸繊維大学助教授
2007年　京都工芸繊維大学教授
　　　　現在に至る

2016年　ヒューマンインタフェース学会会長（～2018年）

ヒューマンインタフェース

Human Interface

2024年 7月 22日　初版第1刷発行　★

検印省略

監修者	特定非営利活動法人 ヒューマンインタフェース学会
著　者	藤　田　欣　也 渋　谷　　　雄
発行者	株式会社　コロナ社 代表者　牛来真也
印刷所	壮光舎印刷株式会社
製本所	株式会社　グリーン

112-0011　東京都文京区千石 4-46-10
発行所　株式会社　**コロナ社**
CORONA PUBLISHING CO., LTD.
Tokyo Japan
振替00140-8-14844・電話(03)3941-3131(代)
ホームページ　https://www.coronasha.co.jp

ISBN 978-4-339-02945-1　C3055　Printed in Japan　（田中）